JN180357

DNA鑑定

犯罪捜査から新種発見、日本人の起源まで

梅津和夫　著

ブルーバックス

カバー装幀　芦澤泰偉・児崎雅淑
カバー画像　児崎雅淑
本文デザイン　齋藤ひさの（STUDIO BEAT）
本文図版　さくら工芸社

はじめに

みなさんは「DNA鑑定」と聞いて、何を連想するだろう。おそらく、よくテレビドラマで描かれている犯罪捜査での応用を思い浮かべる人が大半ではないかと思う。なかには親子鑑定や遺伝病などのDNA診断を受けた人もいるだろうが、一般的には、DNA鑑定など自分には縁遠いものと思われている方が多いかもしれない。

たしかにDNA鑑定とは、個体や種などのDNAレベルでのわずかな違いを識別する小さな学問分野にすぎない。しかし、その活躍の範囲は、いま急速に広がっている。専門家である私にもかつては夢物語でしかなかったことが、DNA解析技術の目を丸くするほどの進歩によって次々に実現し、いまやDNA鑑定は生命の森羅万象を解明するツールとなっている。

「一個の細胞は一つの小宇宙である」といわれる。命をもたない物質が、有機的に結合して、複製可能な細胞となることで生命が誕生した。そして生命は長い時間を経て進化をとげ、現在のように地球上に多様な生物が共存するに至った。こうした奇跡のような生命の設計図と、時間の経過による変化の行程は、たった一個の細胞にも書き込まれている。それは細胞の中にあるDNAに、塩基の配列というかたちで保存されている。その情報を読み解くことは、細胞という小宇宙のなりたちを知り、生命の謎を解明することでもある。ＤＮＡ鑑定とは、いわばそのための、きわめて精度のよい宇宙望遠鏡なのである。

本物の宇宙望遠鏡は、何十億光年も彼方から届くわずかな光を利用して初期宇宙の姿をとらえようとしているが、ＤＮＡ鑑定で利用されるのは、塩基の配列のごくわずかな「間違い」である。細胞の設計図が複製されるときに必ず起こる間違いが、生物の個体ごとに無限といってよいほどの違いを生みだすために、個体の識別が可能になるのだ。

どうも生物には、「適度に間違うこと」が、あらかじめプログラムされているようである。それが生物を多様に分化・進化させ、時空を超えて命をつなぐうえで、きわめて重要なシステムとなっている。それを手がかりに、個体や個人の識別のみならず、生物が地球に誕生してからの激動の歴史を解き明かすことも、ＤＮＡ鑑定によって可能になってきたのだ。

ところで不思議なことに生物は、生存のためには必ずしも必要ではないＤＮＡも、多数抱え込んでいる。そして、人間が行う犯罪捜査などのＤＮＡ鑑定では通常、このような役に立っていない部位が選ばれている。「役立たず」と思われていたものが、じつはそうでもなかったと知ったときは、私としてはなんだかちょっとうれしかった。

私の本業は法医学分野で、１９８０年代までは集団遺伝学や親子鑑定がおもな研究テーマだったが、日本にDNA鑑定が導入された1990年代以降は、どっぷりとDNA鑑定にはまっている。ときどき「趣味は何ですか?」と聞かれると、以前は「釣り」とか「野菜づくり」などと言ってきたが、いつのまにか「DNA鑑定」と答えるようになった。いまでは「なんでもDNA鑑定団」を自称しており、(と言っても私一人なのだが)、いろいろなもののDNAを調べるのが楽しくてしかたがない。まさに「やめられない、とまらない」なのだ。そのせいか学者仲間は私のことを、かなりの変わり者と思っているようだ。それだけに、鑑定されるDNAもじつは役立たずな存在であることに、親近感をおぼえてしまうのかもしれない。

私は子供のころからあまのじゃくな性格で、お仕着せが嫌いというか、なにごとも自分で見て、触って、感じて、たとえ間違っていたとしても自分なりに考えることが好きだった。人生にも決められた「正解」などあるはずがないと思い、自然を相手にする仕事に就きたいと考えて山形大学農学部に進学した。ところが、何かのはずみで法医学に転身したのち、黎明期にあったDNA鑑定の研究を当時の鈴木庸夫《つねお》教授に勧められ、いつのまにか熱中してしまった。

こんなことを言うとやっぱり変人と思われるだろうが、私はつねづね、「宇宙でいちばん大きな謎は、自分自身の存在である」と考えていた。この「自分」という存在は、いったいどこから来たのか、この世で何をしているのか、そしてどこへ行くのか、そんなことを考えはじめると、きりがなくなってしまうのである。ところが、DNA鑑定の研究をするようになって私は、この人生最大の謎を解く鍵を手に入れたような気がしている。もちろん答えはまだ見つからないが、私の中のDNAが、人生の折々にもぞもぞとメッセージを発している気がするのだ。

いまでもときどき、想い出す風景がある。幼いころに昆虫の不思議に魅入られた私は、中学や高校時代によく、翼のように裾野を広げる優美な鳥海山に昆虫採集に出かけた。現在では廃れた登り口の一つとなっている杉沢集落から山道に入るとたびたび、水墨画のように霧にかすむブナ林のたたずまいに遭遇し、なぜか「このうえない幸せ」を感じたのだ。また変なことを言うようだが、縄文人であった私の祖先がブナ林から恵みをいただいたときのDNAの記憶がそうさせたのではないかという気がしている。「縄文人」は研究者となってからの私の大きな関心事でもあり、本書では縄文人の起源について、私なりの「新説」を披露している。

そして、現在は大学の研究機関で、太平洋戦争における戦没者のDNA鑑定を率先して行うめぐりあわせとなっているのも、私の父がシベリア抑留者の一人であったことと、どこかでつながっているのではないかと思うのである。

こんなふうにDNAによってこれまで隠されていた扉が開き、そこからさまざまな世界が広がってゆくのは、人間だけに限ったことではない。研究室の中でカラスやカブトエビのDNAをのぞきこんでいても、描き出される結果は野山へと広がり、さらには時空をも超えてゆく。あらゆる生物のDNAはたった4種類の塩基の組み合わせにすぎないが、思索力しだいでは、その記号の羅列から、生きものの肉眼では見えない生態や、地球規模での進化の歴史を読みとることができるのだ。

世の中にはDNA鑑定の本が少なからず出回っているが、「入門書」といえども大学で学ぶ人向けに小むずかしく書かれているものが多い。本書はそれらとは一線を画し、私自身が遊び心で取り組んできた研究を紹介しながら、現代科学のひとつの集積であるDNAを読む楽しさを伝える、本当の意味での「DNA鑑定の入門書」をめざした。本道だけでなく脇道やけもの道にもそれる、筆者に似てかなり気まぐれな本になってしまったが、読んでいただいたみなさんにDNA鑑定を通して、生命のたどった軌跡と神秘を垣間見ていただけたら幸いである。

DNA鑑定◉もくじ

第2章　なさねばならぬDNA鑑定　43

第3章　少しだけ学ぶDNA鑑定の原理　69

第6章

DNA鑑定で迫る生物の謎 177

第7章 犯罪捜査とDNA鑑定 221

第1章 DNA鑑定「前夜」

人類は大昔から、親子では顔かたちや気性が似ているとか、作物や家畜でも品種ごとに特徴が受け継がれることなどを通して「遺伝」らしき概念を知っていた。

遺伝という現象が本当に起こることが学問的に認められたのは、1865年にオーストリア帝国（当時）で司祭をつとめていたグレゴール・ヨハン・メンデルが有名な「メンデルの法則」（優性・分離・独立の遺伝の法則）を発表し、1900年に別の研究者たちに再発見されてからのことだった。じつは日本でも江戸時代後期に、アサガオの色や形の変わり種を人為的につくりだす「変化朝顔」が庶民の娯楽として流行したことがあり、その作成技術は当時としては最高水準の遺伝学的知識にもとづいていた。だが、秘伝とされたこともあり、世界的に知られることはなかった。

1953年に米国のジェームズ・D・ワトソンと英国のフランシス・クリックが「DNAの二重螺旋《らせん》構造」を発見して、遺伝の正体についての認識は大きく進展した。細胞分裂のときには、DNAという、ねじれた梯子《はしご》状の2本の鎖に並んだ塩基の対が複製されることが解明され、遺伝をつかさどる「遺伝子」の実体は暗号化された塩基の並び方であることがわかったのだ。生命科学におけるDNAの発見は、ほぼ同時期になされた宇宙論におけるビッグバン、地球科学におけるプレートテクトニクスの発見とともに、人類の自然観を根底から揺さぶるものだった。

DNAとはなにか

　多くの本に書かれていることではあるが、まずは、DNAについての基本的な知識をまとめておこう。すでに知っているという方は飛ばしていただいてもかまわない。

「DNA」とは、生命の設計図であるデオキシリボ核酸（deoxyribonucleic acid）の略語である。その基本構造は、地球上に存在するすべての生物に共通である。

「核酸」は、「糖」「塩基」「リン酸」からなる物質がつながったもので、その最小単位を「ヌクレオチド」という。核酸には糖の部分が「リボース」であるRNAと、「デオキシリボース」であるDNAの2種類がある。「デオキシ」とは「酸素がない」という意味で、リボースの末端はOH基（水酸基）だが、デオキシリボースの末端では酸素（O）が外れてH基（水素基）となっている。OH基は水と反応しやすく不安定だが、H基は安定している。そのため、生体情報の保持には、RNAよりDNAが適していて、ほとんどの生物がDNAを用いてタンパク質をつくっている。

　DNAを構成する塩基にはアデニン（Adenine）、グアニン（Guanine）、チミン（Thymine）、シトシン（Cytosine）の4種類があり、頭文字をとってA、G、T、Cと呼ばれることが多い。

リン酸はヌクレオチドが別のヌクレオチドと結合するための仲介役となっている。これが別のヌクレオチドのデオキシリボースの炭素原子とくっつくことで、ヌクレオチドどうしは結合し、それがいくつもつながって、DNAの長い鎖がつくられていく。

DNAで重要なのは、塩基の配列である。どんな生物も、その体の基本はタンパク質でつくられているが、タンパク質には役割によってさまざまな種類がある。適材適所にタンパク質がつくられないと、生物は生きていくことができない。そしてタンパク質は、たくさんのアミノ酸がつながってできている。DNAは「いつどこでどんなタンパク質をつくるか」指令を出し、指令は「mRNA」(メッセンジャーRNA)という伝達係によってタンパク質の「合成工場」に伝えられる。その情報は、三つの塩基の配列によって規定されている。

たとえば「GGC」はグリシン、「AAC」はアスパラギン、「ATG」はメチオニンというアミノ酸を表していて、これらの配列を「コドン」という。

ワトソンやクリックらによって、DNAは二重の螺旋構造をもっていることがわかった。2本のDNAは、塩基どうしの強固な結合によって結ばれている。このとき、必ずAとT、およびGとCが対になることが決まっている(図1-1)。

たとえば、ヒトには1細胞あたり、約31億個の塩基対をもつDNAが収納されていて、細胞

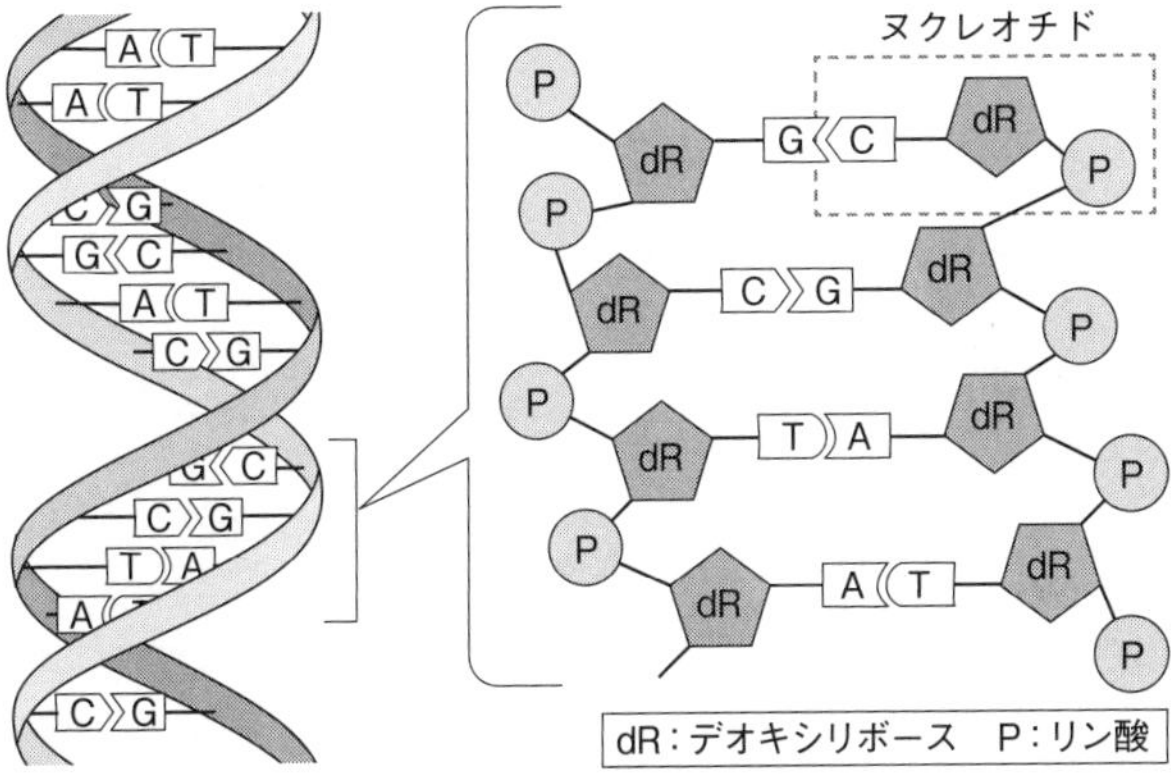

図1－1　2本鎖DNAの構造

分裂のときには46本の染色体となって現れる。そのすべてを伸ばしてつなぐと、約1・7mという途方もない長さになる。これらのDNAは、必要な部分をすばやく取り出せるように、ヒストンというタンパク質にきちんと巻きつけられ、指令があればすぐにmRNAに転写されて、タンパク質がつくられる。この働きによって、生命活動が営まれているのだ。

DNA鑑定とはなにか

「DNA鑑定」という言葉は、いまでは日本の社会にすっかり定着した。刑事ものドラマでは「あなたのDNAを鑑定させていただきます」というセリフが水戸黄門の印籠《いんろう》のように、犯人を観念させる決め台詞となっている。

ＤＮＡ鑑定とは、ＤＮＡの特定部位の塩基配列を調べて個体差などを検査する作業であり、遺伝のしくみをしっかりと理解しておかなくてはならない。遺伝といえば有名なのはやはり、先にもふれたメンデルの法則だろう。それは以下の、三つの法則からなっている。

●優性の法則

親から子へ伝わる遺伝形質（遺伝する形態的特徴）には優性（顕性）のものと劣性（潜性）のものがあり、形質として現れるのは優性のものである。

●分離の法則

１世代目で発現しなかった劣性（潜性）の形質が、世代を越えて発現する。

●独立の法則

それぞれの形質は独立して、子孫に受け継がれる。

重要なのは、ＤＮＡ自体には優劣がなく、ＤＮＡの塩基配列が親から子へと受け継がれるという事実だけである。じつは生物には同じ種類であっても突然変異によって生じる個体差があって、すべてが同じではない。これを遺伝的多様性、あるいは遺伝的多型という。これが親から子へ遺伝することから、そうした部位を用いて個体識別や血縁関係などを鑑定することができる。これがＤＮＡ鑑定の基本的な原理だ。

ところで、DNA鑑定と微妙に違う「DNA型鑑定」という言葉を目にしたことがある方も多いかもしれない。たとえば犯罪捜査において、現場に残された体液などのDNAと犯人のDNAが一致するかを鑑定する個人識別では、無数にある多型（個体差）のなかから、個人のDNA型を検査するので「DNA型鑑定」ともいわれる。これに対して、農産物の種類や産地を偽る食品偽装をつきとめる場合などは、コメや魚などの塩基配列を検査することが多いので、「DNA型」を鑑定するという意識は弱い。したがって、このような場合は「DNA鑑定」といわれることが多い。

ただし、両者は厳密に区別されているわけではなく、「DNA型鑑定」を含めた広い範囲を指す言葉として「DNA鑑定」が使われることが多い。本書でも「DNA型鑑定」という意味も含めて「DNA鑑定」のみを用いることにする。

遺伝子診断と遺伝子検査

なお、DNA鑑定と似て非なるものに「遺伝子診断」（DNA診断）がある。これは遺伝病において、それに関連するDNAの塩基が通常の配列とどう置き換わっているかなどを調べる診断法である。これによって、多種多様な遺伝性疾患、薬の効き具合の個人差、特定のガンへの罹《かか》りやすさなどを判定することが可能となった。さらに妊婦の血液や羊水などには胎児の細胞がわずかに混じっていることから、DNAによって胎児の染色体異常などを調べる出生前診断も、2013年に始まった。

メンデルの法則にもあるように、遺伝子には優性（顕性）の因子と劣性（潜性）の因子がある。遺伝病の原因の大部分は、病気の原因となる因子をダブルにもったとき（ホモ）に発症する劣性（潜性）遺伝である。遺伝子診断によって、発症していなくても、子供が遺伝病の因子をホモで受け継いでいるか、一つだけもっている（ヘテロ）かがわかる。誰でも遺伝病の因子を5～6個以上はヘテロでもっているといわれている。このような因子をホモでもつ危険性は、近親結婚によって高まる。

また、最近では民間の企業でも、将来罹りやすい生活習慣病や、寿命の長さ、あるいはスポーツの適性などの判断の目安となる遺伝子を検査するところが増えてきた。誰でも比較的安価な費用で、こうした検査を気軽に受けることができるようになっている。これらは病気に直結する遺伝子の判定は行わないので、遺伝子診断ではなく「遺伝子検査」と称している。

遺伝子検査が対象としている検査項目には、評価がいまだに定まっていないものも多いが、検査で得られた情報をもとに運動や食生活に気をつければ、生活習慣病などの予防がある程度は期待できることもある。ただし、重要な機能をもつ遺伝子ほど、機能不全を起こしても他の遺伝子で代替されているものである。また、不適切な統計処理で得られた情報をもとに判定していることも多いので、今後は検査項目のより適切な取捨選択が求められる。もっとも、いつの日にかアスリートが遺伝子検査で自分に適した種目を決める時代が来るとすれば、スポーツ観戦への興味は半減するかもしれない。

民間の企業はいろいろな原理で遺伝子診断や遺伝子検査をしているが、どの方法でも何らかの間違いはつきもので、100パーセントの確実性を期待することはできない。もし読者が利用するなら、できれば判定法が異なる複数の企業に依頼することが望ましいが、判定法の詳細などを開示している企業は少ないのが現状である。なかには自前の技術ではなく、欧米の製品を用いて判定するところや、海外に検査を委託しているところもある。少なくとも、遺伝子検査のデータをもとに効果の不確かな健康食品やサプリメントを売り込むことを目的としている企業は、たとえ格安でも避けるのが賢明である。

なお、DNAには多くの個人情報が含まれるが、検査する企業で厳密に管理されている保証はないので、外部への情報の流出も懸念される。

DNA鑑定からやや脇道にそれたが、昨今はこうした診断や検査を受ける人がかなり増えてきているので、あえて注意を喚起した次第である。

遺伝子診断では定番の「お酒の強さ」を例にとって、遺伝子多型とはどういうものかを説明しておこう。

私たちが酒を飲むと、アルコール分解酵素（ADH1B）によってアルコールは猛毒のアセトアルデヒドに分解され、さらにアルデヒド分解酵素（ALDH2）によって無毒の酢酸へと分解される。アルコールを分解する早さと、アセトアルデヒドの処理能力に関わるDNAはそれぞれ特定されており、この二つの遺伝子の組み合わせにより、「お酒の強さ」、すなわち上戸《じょうご》か下戸《げこ》かは最上戸の1から最下戸の9までの9段階に分けることができる。これらの遺伝子の出現頻度は集団によって大きく異なるのだが、ここでは日本人におけるおよその出現頻度を示す（図1－2）。

アセトアルデヒドの分解能力が正常なALDH2 1型（図1－2中のスコア①〜③）は、上戸といえる。ALDH2 2－1型は、ALDH2 1型の1割以下の活性しかもたないと考えられ、またALDH2 2型は、アルデヒドを分解できず、いずれも下戸に分類される（スコア④〜⑨）。

これに、アルコールの分解が遅いADH1B 1型と、アジア人に多い分解の早いADH1

ALDH2 \ ADH1B	1	2-1	2	
1	① 2.4%	② 19.5%	③ 39.0%	上戸
2-1	④ 1.3%	⑤ 11.0%	⑥ 22.0%	下戸
2	⑦ 0.2%	⑧ 1.5%	⑨ 3.1%	下戸

図1－2　日本人の「お酒の強さ」９段階の割合
それぞれの遺伝子の組み合わせで①～⑨までに分かれる

B 2型とが組み合わされることで、遺伝子多型のバリエーションは増えていくわけだ。

人間がお酒を飲むのは、血中にとどまっているアルコール（エチルアルコール）を楽しむためなので、早く分解されたらその時間は少ない。欧米人やアフリカ人が一般にお酒に強いのは、アルコールの分解が遅く、猛毒のアセトアルデヒドはすばやく分解できるからである。

これまでに多くの地域の集団調査がなされており、世界的に見た場合は最上戸①が普通で、お酒に弱い人はほぼ極東に限られるようだ。中国南部の人と日本人は、世界で最もお酒に弱い民族である。日本人のこれらの遺伝子を太古から比較したデータによれば、お酒の強い人の割合は、縄文、琉球、東北の順に多く、近畿では半数が下戸である。面白いのは、お酒に弱い形質は、優性（顕性）遺伝をしているように見えることだ。

「DNA鑑定以前」の親子鑑定

さて現在では、それぞれの人に固有のDNAを直接、分析するDNA鑑定が、親子鑑定や個人識別などに活用されているわけだが、DNA鑑定が確立されるまでは、遺伝子の指示によってつくられた各種のタンパク質や、タンパク質のさまざまな産物をもとにした間接的な方法によって鑑定が行われていた。

「間接的な方法」とは、要するに、親から子へと遺伝する特徴のうち、なるべく多様なバリエーション、すなわち「多型性」をもつ遺伝形質を選んで比較し、親子か否か、本人か否かなどを鑑定する方法である。たとえば、頭髪が「くせ毛」か「直毛」かは、対立する1組の形質（これを「アリル」という）のどちらをもつかによって決まる。しかし、Aという人とBという人がどちらも「直毛」であっても、それだけでAとBが親子だと思う人はいない。親子と判定するためには、対立する形質の組み合わせをいくつも比較する必要がある。つまり、できるだけ多型性のある遺伝的特徴を使って、鑑定しようという考え方である。

では、「DNA鑑定以前」にはどのような方法がとられてきたかを、おもに親子鑑定を例にとりながらみていこう。

①血液型による判定

１９６０年代までは、親子鑑定といえば「血液型」による判定が主流だった。血液型といえば赤血球をA型、B型、O型、AB型に分類するABO式が有名であり、たとえば「両親がA型なら子はB型にはなりえない」といったことはみなさんもご存じだろう。しかし、さすがに親子鑑定はそれほど単純ではなく、ABO式のほかにRh式、MNSs式、P式、Duffy式などのマーカーを用いて、鑑定の精度を上げていた。これらはいずれも、血球の表面にある「抗原」（血液型抗原）に対して特異性が確立された「抗体」をつくった際の、凝集反応を観察することで判定される。

なお現在では、ABO式血液型ではA型転移酵素、B型転移酵素、それらの活性が消失したO型という三つのアリルがあり、個人はこの中の二つの因子をもつことがわかっている。たとえばA型にはAA、AOの二つのタイプがある。しかし、DNA鑑定が出現する以前は、これらを区別することはできなかった。

②電気泳動法

血液型による判定は、方法としては簡単でよいのだが、対立する形質の組み合わせが少なく、これだけでは自信をもって親子鑑定することは困難であった。

そこで、新しく開発されたのが「電気泳動法」である。プラスやマイナスの電荷をもつ物質は、電気を帯びた水溶液の中におくと、それぞれの物質の特徴にしたがって特有の動き方をする。この「電気泳動」の原理を鑑定に応用したものである。

たとえば、マイナスの電荷をもっている物質は、水溶液中ではプラスの方向に移動する。逆にプラスの電荷をもつ物質はマイナス方向に動く。この移動距離や速度は、物質によって固有のものである。そしてタンパク質は、アミノ酸の種類などによって、プラスにもなればマイナスにもなり、ふるまいもそれぞれのタンパク質に固有の動きをみせる。電気泳動によって分離したこれらのタンパク質は、染色すると縞状の「バンド」となって可視化される。これらを比較することで、多数の遺伝形質を比較するのだ。

電気泳動法によって、血清中のタンパク質の多型や、赤血球内の酵素の多型なども比較できるようになり、親子鑑定の識別力は向上した。

③免疫グロブリンによる判定

さらに、「免疫グロブリン」による鑑定も実用化された。免疫グロブリンとは、血液中にあるタンパク質で、体液中で働く免疫においてきわめて重要な役割を担っている。体内のさまざまな部位で作用することから非常に多型性に富んでいるため、鑑定の指標として適している。その判定法が確立されたことで、鑑定はより正確さを増した。

④HLAによる判定

親子鑑定の精度を飛躍的に高めたのは、「ヒト白血球抗原」、すなわち「HLA」（Human Leukocyte Antigen）の使用だった。HLAとは、簡単にいえば「白血球の血液型」である。さきに述べたABO式は赤血球の血液型だが、HLAの多型性は、赤血球とは比較にならないほど大きく、HLAの遺伝子の組み合わせは数万通りともいわれている。なぜなら、HLAは体内で重要な免疫機構として働いており、おもに自己と非自己を認識する役割をもっているからだ。自己か否かを区別するには当然、厳しい判断基準が求められる。たとえば、輸血のときに適合する血液型を見つけることはそう難しくはないが、臓器移植や、正常な白血球がつくれなくなる白血病に対して行われる造血幹細胞移植では、適合する提供者を探し出すのが容易ではないのも、HLAの多型性が大きいゆえだ。

HLAの遺伝子は、染色体の中の第6番染色体とよばれるところで、近接した6つの「遺伝子座」（ローカスともいう）の上に存在する。遺伝子座にはそれぞれA、B、C、DR、DQ、DPと名前がつけられていて、それぞれにA座のA1、A2、A210（2）、A3……

A80、B座のB5、B7、B703（7）……などとタイプがある。これが赤血球のA、B、Oに相当するのだから、いかに多型性に富んでいるかがわかるだろう。

子供は母親と父親から、これらのタイプの組み合わせを1個ずつ、セットで受け継ぐ。このような一組の遺伝形質を「ハプロタイプ」とよぶ。親子間、兄弟間でさえも、すべてのHLAが同じハプロタイプになる確率は低い。臓器移植では両者はできるだけ同じタイプであることが求められるので、ドナー（提供者）を探すのは難しいのだ。

旧来の鑑定法の問題点

これらのような伝統的な（間接的な）親子鑑定システムは、1980年代にはほぼ完成の域に達した。検査のための判定キットも市販され、HLAによる判定に従来法を組み合わせることにより、ほぼ100％の精度で親子鑑定を行うことができるようになった。1981年から始まった中国残留日本人孤児の肉親探しでもこの方法で親子鑑定が行われ、私も少しだけお手伝いさせていただいた。HLAによる判定には生きたリンパ球が必要であったので、2ml程度の比較的新鮮な血液を必要とした。

ただ、すでに述べたように、こうした遺伝産物による親子鑑定では、多数のタンパク質やそれらの生成物など、いくつもの多型を比較することが必要となる。そのため、血液の凝集反応や、電気泳動などを含めたすべての判定が終わるまでに、少なくとも1週間は必要であった。したがって日本での親子鑑定のほとんどは、特定の法医学教室でのみ実施されていた。

また、一般的に親子鑑定が必要となる場面とは、父親と子供が本当に親子関係にあるかどうかを鑑定する場合が多い。その指標となる「父権肯定確率」を正確に算出するためには、基本的に母・子・父の3人一組で鑑定を実施する必要があった。3人のデータを揃え、できるだけ多くの遺伝形質を分析しなければ、父権肯定確率は上がらないのである。しかし、それではどうしても鑑定料がかさみ、一家族3人では20万円以上となった。これは現在のDNA鑑定よりかなり割高である。

このように、遺伝的多型を用いて判定する間接的な親子鑑定には、時間と費用という問題がつねにつきまとっていたのである。

見向きもされなかったDNA鑑定

1985年、英国の遺伝学者アレック・ジェフリーズらは、指紋の識別力に匹敵する個人識別法として、DNAフィンガープリント法（DNA指紋法）を考案した。これは従来からある

ＤＮＡの検査手法を、科学捜査に応用したものであった。

具体的には、それは次のような方法である。

ヒトの遺伝子に存在するＤＮＡには、すでに述べたようにＡ、Ｃ、Ｇ、Ｔという四つの塩基の、特定のパターンの繰り返しが多数含まれている。これを「制限酵素」とよばれる、パターンを認識して特定の塩基配列のみを切断する酵素（いわばハサミ）で切断し、得られたＤＮＡの断片を電気泳動させる。すると、ＤＮＡの断片が長さにしたがって分離する。これを特殊な試薬を使って染色すると、分離のパターンを決める塩基の配列が人それぞれに固有のものであるため、指紋のように人それぞれに固有のバンドが現れる。

親子鑑定であれば、母と父に由来する塩基の配列が20本ほどのバンドとして可視化される。ここから母と父に共通するバンドを除き、父と子に共通のバンドがあるかどうかを見ることで、父子関係について鑑定できることになる。

しかし、このフィンガープリント法には、プロセス全体を通して面倒な手技が多いこと、得られるバンドの濃さがまちまちとなるため、再現性に問題があること、などの難点があった。

何よりも、鑑定に際しては非常に新鮮で多量のＤＮＡを必要としたことは、犯罪捜査の鑑定法としてはまったく不向きであった。そのため、ＤＮＡ鑑定の嚆矢《こうし》ともいえるフィンガープリント法は、ほどなくして完全に見向きもされなくなってしまったのである。

「ＰＣＲ法」という大革命

分子生物学の実験においては、特定のＤＮＡの塩基配列を多量に必要とすることが多い。そこで、十分な量のＤＮＡを得るために、大腸菌のプラスミド（核の外にある細胞中のＤＮＡ）などの力を借りて、特定のＤＮＡの塩基配列を増やすという方法がとられていた。しかし、これはかなり面倒な作業がつきまとう方法であった。

ところが１９８３年に、米国の生化学者キャリー・マリスによって、「ＰＣＲ法」が発明された。それは分子生物学にとって大革命ともいえた。

ＰＣＲとは、ポリメラーゼ・チェーン・リアクション（polymerase chain reaction）の頭文字をとった名称である。日本語に訳せば、「ポリメラーゼ連鎖反応」ということになる。「ポリメラーゼ」とは、単一の塩基をつなぎあわせて塩基の長い鎖をつくる働きをする酵素で、生物の体内ではさまざまなところに存在するが、そのうちＤＮＡの塩基をつなぎあわせて長い鎖をつくるものをＤＮＡポリメラーゼという。ＰＣＲ法とは、このＤＮＡポリメラーゼを用いて、指定したＤＮＡを増幅させて、短時間で同じ配列のコピーを大量につくる方法である。

倍々ゲームでDNAが増える

では、簡単にPCR法の原理を説明しよう。

用意するものとしては、増やしたい配列を含む2本鎖のDNA、4種類の塩基（A、T、G、C）、耐熱性をもつDNAポリメラーゼ、そして、1本鎖の「プライマー」1組が必須である。プライマーとは、増幅したい配列と対になる配列（Aに対してT、Gに対してCのような配列で「相補的配列」という）をもつ、人工的につくられた20塩基ほどの鎖だ。

これらをPCRの反応チューブに入れて、あとはチューブの温度をコントロールする機器さえあれば、お好きなDNAの配列を、望む量だけ増幅することができる。次の三つのステップを30回程度繰り返すだけで、DNAは倍々に増えていくのである。

①チューブを約95℃にまで熱する。すると2本鎖のDNAが変性して、1本ずつの鎖になる。

②チューブを60℃付近まで冷ますと、プライマーが1本鎖になったそれぞれのDNAの塩基配列と相補的に結合する。

③チューブを再び約72℃まで熱すると、1本鎖DNAに結合したそれぞれのプライマーに、DNAポリメラーゼの働きによって4種類の核酸塩基がプライマーの配列と相補的につながっ

て、２本鎖ＤＮＡが形成される。

補足すると、最初に２本鎖ＤＮＡが熱で変性してできた二つの１本鎖ＤＮＡは、温度の低下にしたがって本来の２本鎖に戻ろうとする。しかし、チューブには過剰にプライマーが入っていて相補的な配列を探しているため、１本鎖ＤＮＡどうしの結合よりも優先的に、プライマーが１本鎖ＤＮＡと結合する。もしも邪魔なＤＮＡどうしの結合があったらそれを剝がしながら、鎖があるかぎりプライマーとの結合が進行する。結合したプライマーの末端では、ＤＮＡポリメラーゼの働きによって、その次の塩基と相補的な塩基がさらに次々とつながっていく。

このＰＣＲ法の凄いところは、逆向きのプライマーも同時に入れるというアイデアにあった。これにより、二方向から同時に合成することが可能になったのだ。この二つの反応はかちあうことはない。

図１－３に、ＰＣＲ法の進行を３段階まで示した。このような原理で、ターゲットとなる２本鎖のＤＮＡが１本あれば、ＤＮＡ自体は倍々に増えていく。ただし、目的とする２本鎖の配列は、３回目のＰＣＲが終わった段階で初めてできる（両端はプライマーの配列になっている）。

もしＤＮＡが１本鎖であったら、ＰＣＲ法は成立しなかった。30回の反応でもＤＮＡは30倍

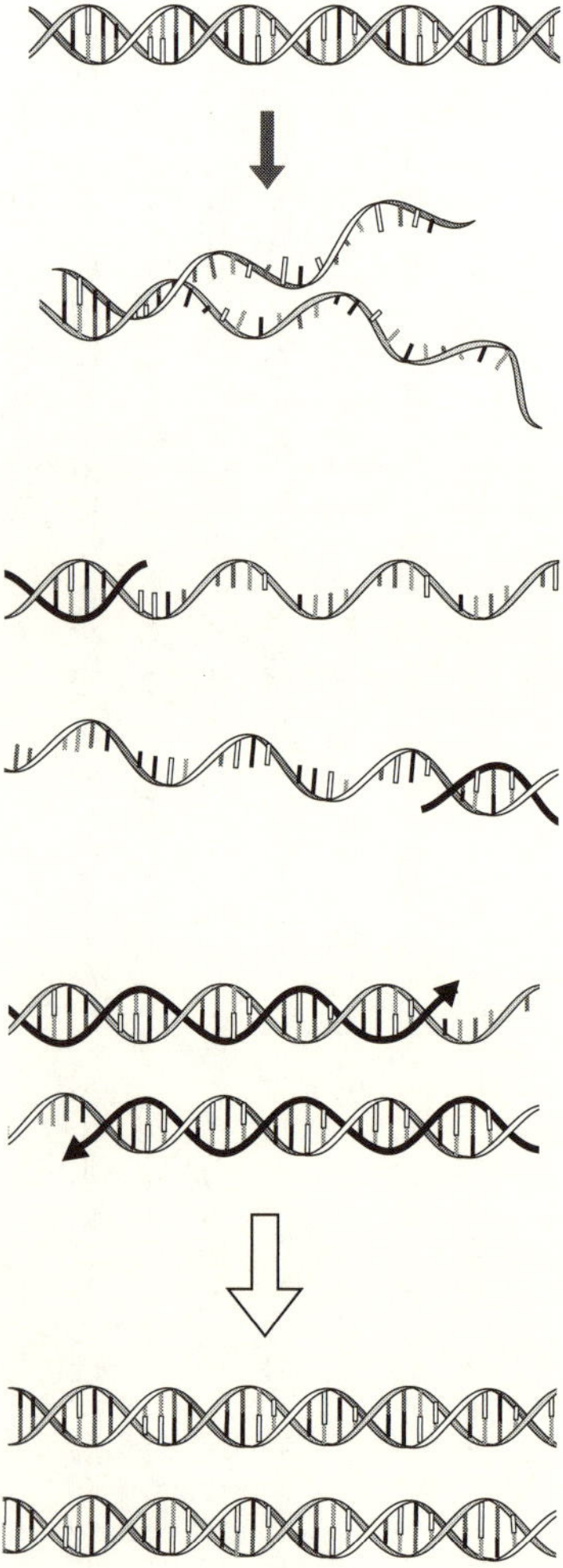

【ステップ①】
2本鎖のDNAが分かれて
2本の1本鎖DNAになる

【ステップ②】
それぞれの1本鎖DNAに
プライマーが結合する

【ステップ③】
プライマーが伸長して
それぞれ1本鎖DNAと
相補的なDNAを形成する

【1回のPCRが終了】
目的とする2本鎖DNAが
2本できる

図1－3　ＰＣＲ法の原理

にしか増えないからである。ところが2本鎖であるために、DNAは倍々に増えていく。仮に30回反応すれば、2の30乗という、とてつもない数になる。

PCRから私がよく連想するのは、豊臣秀吉に仕えた曾呂利新左衛門の有名なとんち話だ。新左衛門は秀吉から褒美をもらうことになり、何でもほしいものを申せと言われたのに答えて、毎日、米粒を少しずついただきたいと申し出る。ただし、「1日目には1粒、2日目には2粒、3日目には4粒と、倍々にしてください」と。欲のないやつ、と思って秀吉は安請け合いしたものの、1ヵ月もたたないうちに天文学的な量に達し、音をあげてしまったという。この話の真偽のほどは定かではないが、仮に約束通りに米粒を与えていれば、30日後には5億3687万912粒（重さにして約10・7t）にもなってしまう。

PCR法も理屈はこれと同じだから、DNAを無限に増やすことができそうだが、実際には、30回から35回ぐらいで限界がくる。原料が枯渇するため、倍々ゲームの効率が極端に落ちるからだ。しかしながら、その産物のごく一部を用いてPCRをあらためて何度も行えば、理論的には望むだけの量のDNAを得ることができる。

このようにPCR法はきわめて強力であり、これまでDNAの量が少なすぎてできなかった実験でも、1～2時間くらいで必要十分な量を確保できるようになった。さらに、PCR法のすばらしいところは、膨大なDNA分子の中から、二つのプライマーと一致する配列だけを特異的に探し出して、増幅できることだ。たまたま一つのプライマーが一致することはあっても、もう一つのプライマーが一致して同じ鎖長のPCR産物が得られることは、似た遺伝子（重複遺伝子）以外には考えにくい。たとえば、たくさんの微生物のDNAの中にごく微量に含まれているヒトのDNAを特異的に増幅することも可能なのだ。

なお、タンパク質の合成を指示するメッセンジャーRNAや、一部のウイルスが自己複製に使っている核酸などのRNAは、1本鎖なので、2本鎖のDNAのように効率的なPCRを行うことができない。しかし、最初に逆転写反応でRNAをDNAに置換することによって、RNAもDNAと同様にPCRで増幅することができるようになる。とくにメッセンジャーRNAの逆転写反応が開発されたおかげで、全ゲノムの中でタンパク質をコードしている配列が目印となり、全ゲノムの解明が容易にできるようになった。

PCR法は、その意味としては短時間で大量のDNAの増幅を可能にしたという、言ってしまえば「効率」に関わる発明である。しかし、その効果は本質的であり、決定的なものだった。PCR法なくして、現在の分子生物学は成り立たず、膨大な生物のゲノム情報の蓄積もありえなかった。PCR法によって人類は初めてDNAを操れるようになり、時空を超えて生命の起源に迫ることも可能になったのである。

開発者であるマリスは、1993年にノーベル化学賞を受賞した。PCR法の原理そのものは驚くほどシンプルなので、たとえ彼が発明しなくともいずれは誰かが開発してはいただろう。だが、つねに1番をめざす勤勉な人たちがいるおかげで、科学は急速に進歩するのだ。

日本のDNA鑑定はいかに普及したか

PCR法は数多くの特許で守られて、開発会社は特許の使用料や試薬の販売などで莫大な利益を得た。PCR法の機器に関する特許はABI社が、試薬の特許はロシュ社がもっていた。しかし、純粋な実験や研究に対しては特許そのものの使用料は免除されていたので、技術革新が進み、その応用分野は急速に拡大した。

かつては親子鑑定や個人識別の方法として失格の烙印を押されていたDNA鑑定も、PCR法の導入によって大量のDNAを使えるようになり、一気に主役の座に躍り出たのである。

ここで、日本におけるDNA鑑定の導入についてみていこう。

1990年代に入ると、科学捜査においても、個人識別はほぼDNA鑑定一色になった。親子鑑定では突然変異というレアケースがあるので、DNA鑑定も厳密には万能とは言い難いのだが、科学捜査の場合、ＤＮＡ鑑定の大多数は個人識別であり、個人識別では同一人と想定される二つのサンプルを比較するので、突然変異はほぼ考慮する必要はなく、ＤＮＡ鑑定の独壇場となった。

ただし、日本におけるＤＮＡ鑑定の普及には、当初から、ＰＣＲ法の特許料という問題がつきまとっていた。「純粋な実験や研究」ではなく、ＰＣＲ法を用いて事業を営む場合は、特許料を支払う必要があったからだ。科学捜査におけるＤＮＡ鑑定が「事業」であるかどうかは微妙なところだが、少なくとも「純粋な実験や研究」とは言えないだろう。

結局、日本においてはＡＢＩ社が市販している判定用キットを、メーカーの定めるプロトコル（手順）通りに使用した場合に限り、特例で科学捜査への利用が特許料免除で認められた。当時のＤＮＡ鑑定は、10個未満の塩基からなる短いＤＮＡの繰り返しである「ＳＴＲ」（Short Tandem Repeat＝短鎖縦列反復配列）の多型を用いて判定するものだった。このＳＴＲの判定用キットを、メーカーの指示に従い正しく使うことが、日本が特例で使用を認められる条件だった。

しかし、判定用キットの価格は２００検体分で60万円と、びっくりするような割高に設定された。一つの資料あたりで2回はＰＣＲを行うので、１キットで使えるのは１００検体以下でしかない。

ＰＣＲ法の基本特許は２００６年には切れたので、その後は「特例」という意味合いもなく、価格は半額になってもよさそうなものだが、逆に値上げになっている。日本国内に競争相手となるようなメーカーがないためだろう。また、ＡＢＩ社は検出などに関わる周辺特許も主張していて、日本のメーカーは、同じようなキットを製造して格安で販売することはできないという。もっとも、本当のところはアメリカのメーカーとの軋轢《あつれき》を避けたかったのであろう。

日本での親子鑑定も、従来のたくさんの多型を比較する方法からＤＮＡ鑑定に切り替わり、飛躍的に容易になった。しかし、やはりＰＣＲ法の特許問題の関係で、特許料を払っていた２～３ヵ所の施設以外では、ＤＮＡ鑑定を実施しても、鑑定結果を鑑定書に記すことはできなかった。そのため、われわれ大学の法医学教室では、２０００年代に入っても、親子鑑定は従来の方法で行い、ＤＮＡ鑑定はその確認のために、こっそりと補足的に用いてきた。特許が切れた現在では、ＤＮＡ鑑定による親子鑑定のほとんどは民間会社で行われるようになり、法医学教室ではとくに鑑定の難しいケースや、親子鑑定の再鑑定などを扱うようになった。

なお、ＤＮＡ鑑定では個々のＳＴＲ（繰り返し数の多型）の識別能力が高いので、母親のサンプルがなくても、父子だけでかなり高い父権肯定確率が得られる。そのため、母親に内緒での父子鑑定が可能となり、新たな人権問題が生じているという状況がある。

こうした経緯もあり、現在、日本でのヒトのDNA鑑定は、警察庁の科学警察研究所（科警研）と、各都道府県の科学捜査研究所（科捜研）、および大学の法医学教室や法歯学教室、民間のDNA鑑定会社といった、かなり狭い範囲で行われている。これに加えて微生物や動植物のDNA鑑定が、農水省の研究機関、大学の農学部、民間会社などで行われている。

しかし、確かな鑑定は、ああでもない、こうでもないという議論の延長線上にあるはずである。高い山は、広い裾野があって初めて存在できる。日本におけるDNA鑑定の、さらなる裾野の広がりを期待したい。

DNA鑑定の職人として

私もDNAを扱うようになる前の20年余りは、新たな多型形質の探索や、検出法の改良を続けながら、従来の親子鑑定を繰り返すとともに、ヒトの集団におけるさまざまな形質ごとの基礎データづくりをしていた。朝から晩まで、世界中のいろいろなヒトの集団の血清サンプルなどを用いて、電気泳動を繰り返してきた。

地味な毎日だったが、ほんの少しずつの工夫を、日々試すことは、案外楽しかった。きょうはサンプルの調整法を少し変えてみようとか、サンプルを塗布するゲルを少し違う方法でつくってみようとか、どうでもよさそうなことに集中していた。電気泳動で現れるバンドは、可視化するまで出来不出来はわからないが、それを最初に見る瞬間が楽しみだった。個人的には、鑑定の良し悪しはささいな工夫で決まってくるのであり、電気泳動のバンドパターンの綺麗さにこそ、実力は如実に現れると思っていた。親子鑑定において鑑定人はかぎりなく職人であるべきで、研究者ではないとも思っていた。だが、その意識が時として、大切なプロトコルまであっさり放り出してしまい、すぐ違う方法に手を伸ばす悪い癖にもつながった。

魚釣りでも、一度よい思いをすると毎回同じ場所に通う人と、釣れなくともよいから新しい場所を探す人に分けられる。私は完全に後者である。イワナを釣るときも、以前に行った場所には一切興味がなく、あの角を曲がったらどんな新しい風景が見られるだろう、といったことばかり考えていた。ほとんど人が来ない場所であれば、なおさら楽しかった。

こうした次第だったので、自分がやっていることは最先端の学問からは最も縁遠い分野であり、このような単純作業は頭のよい人には務まるわけがないと思っていたのである。

状況が変わったのは、やはりＰＣＲ法の出現からだった。血清タンパク質に現れる多型は、タンパク質をつくるアミノ酸が置き換わった結果だが、旧式の技術では、どこが置き換わったのかを証明することは容易ではなかった。ところが、PCR法の導入以後は、アミノ酸の置換部位がそれまでと比べ容易に見きわめられるようになった。

とはいえ前述のようにPCR法は特許で守られており、親子鑑定に直接、利用することはできなかった。そこで従来通りに血清などの多型を比較する方法をとりながら、アミノ酸置換については PCR法で解明するという間接的なやり方で、われわれ山形大学法医学教室のDNA鑑定の研究はスタートした。その後、われわれのグループによって、血清の多型におけるアミノ酸の置換部位が8種類ほど解明された。

また、それと並行して、DNA多型の検出技術の改良、モンゴロイドの地域差、戦没者の身元調査、および楽しみながらの動植物の分析などにも携ってきた。

そうこうするうちに気がつけば、従来法による親子鑑定の摸索期から確立期、そしてDNA鑑定の黎明《れいめい》期から今日の全盛期までを経験した、数少ない現役の一人となってしまったのである。しかし、やり方は変わろうとも、自分は研究者ではなく職人という気持ちはいまも同じである。次章では、鑑定職人としての私にとってライフワークともなったある取り組みについて紹介しながら、DNA鑑定の実際について説明していこう。

第2章 なさねばならぬDNA鑑定

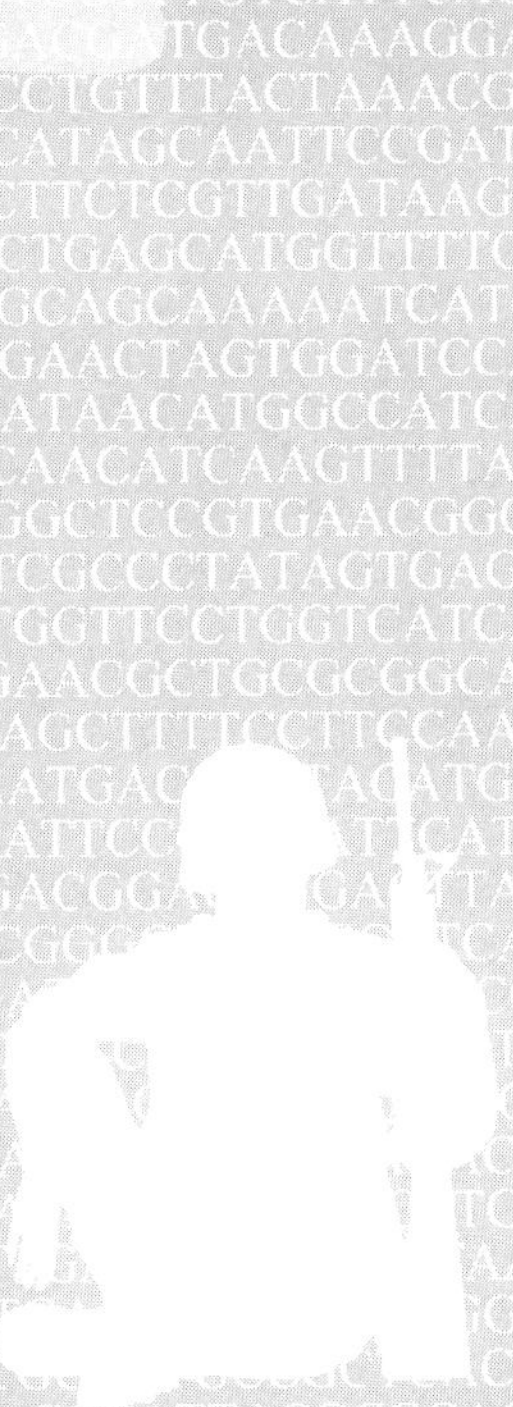

シベリア抑留者のDNA鑑定

第二次世界大戦後、約60万の日本人が、旧ソ連軍に連行され、強制労働に従事した。これを日本側では一般に「シベリア抑留」とよんでいる。抑留地は2000ヵ所を超え、その多くは極東地域、次いで狭義のシベリア地域だったが、現在のロシア、モンゴル、カザフスタン、ウクライナなど広範囲におよんだ。抑留者の一部は中国や北朝鮮にも送られた。

いつ帰れるとも知れぬ絶望におびえながら、抑留者の約6万人は餓え、寒さ、重労働、病気などで命を落とし、遺体のほとんどは裸で浅い穴に埋められた。

このうち約2万柱のご遺骨は、厚生労働省によって収骨され、里帰りしている。幸いというべきか、旧ソ連軍が作成した墓地名簿はかなりの数が残存していた。しかし、耕作によって地形が変更されたり、森林に還ったりした場所もあり、とくに小規模の墓地では位置を確認できないところも少なくない。さらに、収骨が許可されていない国もあるし、日本軍に協力した朝鮮兵との合同埋葬墓地は、政治的理由から手つかずのまま残されている。このような事情を知っているのは、シベリア抑留者の遺骨を収集し、DNA鑑定によって遺族を見つけてお返しするという厚生労働省の事業に、私も参加しているからだ。

収集された遺骨が誰のものかをＤＮＡ鑑定によって特定する作業は、２０００年ごろから、遺族たちの私費によって細々と実施されていた。しかし、国の責任で死んだ人の鑑定が私費で行われるのはおかしいということで、２００３年度からは、厚生労働省の管轄で公費によるＤＮＡ鑑定が始まった。このとき、厚生労働省は当初、鑑定を国内外の民間企業に打診したが、どこも遺骨分析の実績がないうえに、おそろしく高い金額を提示してきた。もっとも営利目的の企業としては、設備投資費、技術料、人件費、利潤などを考えればしかたなかったのかもしれない。

結局、厚労省は限られた予算でなるべく多くの鑑定を行うために、ＤＮＡ研究を手がけている大学医学部の法医学教室などに協力を求めた。しかし、当初の鑑定料は1柱につき5万円と決められたので、実質的には人件費ゼロのボランティアであり、この求めに応じた法医学教室や法歯学教室は全国でわずか10大学程度だった。

だが私は迷うことなく、真っ先に鑑定人として名乗りを挙げた。それには私の父がシベリア抑留の生還者だったこともあった。さらに当時の私は、縄文人骨のＤＮＡ分析に夢中になっていた。ＤＮＡはいわば「生もの」なので、死ねば微生物の餌になり、環境によっては数時間から数日のうちにすっかり分解されてしまう。しかし、保存状態さえよければ、太古の生物であってもそのＤＮＡは、ときに容易には損なわれない。

１９９０年代以降、ＤＮＡ鑑定機器と検査技術の日進月歩があいまって、数千年前の縄文時代の人骨でも、ＤＮＡの解析が可能になりつつあった。とりわけ私は検査技術の工夫や改良などの地道な作業の繰り返しが面白く、縄文人骨にわずかに残存するＤＮＡの鑑定法をさまざまに研究していた。シベリア抑留者と遺族のマッチングを目的とするＤＮＡ鑑定は、私にとっては研究の成果を役立てる絶好の機会でもあったのだ。

私が厚生労働省の委託を引き受けたのを知った、大学の口さがない知人たちは「最近はネアンデルタール人のＤＮＡ鑑定もできるくらいだから、戦没者のＤＮＡ鑑定は楽勝だろう」とよく言ってきた。ここが専門外の人間にはわかりづらいところのようだ。

ＤＮＡ鑑定では、検査資料となる細胞が死んでいる場合、時間経過によるＤＮＡの分解は決して一律ではない。また、資料から採取されるＤＮＡ量も千差万別である。したがって、50年前の人骨より1万年前のそれのほうが鑑定しやすいということは大いにありうるのだ。具体的に言えば、抑留者の人骨に残された分析可能なＤＮＡの量は、墓地のおかれた環境によって大きく異なる。遺骨のほとんどが土に還ってしまっているケースも少なからずあるのだ。

DNA鑑定の資料となるもの

ここで少し、DNA鑑定に用いる資料として適しているものと、そうでないものの違いについて、説明しておこう。

基本的には、生物あるいは生物の産生物にはDNAが含まれていると期待できる。とくに細胞内の核には、「核DNA」があるので、細胞を含む資料が最も好ましい。たとえば、ヒトであれば口腔内細胞が最も抵抗なく採取しやすい。このほかにも、血液中の白血球や精液、尿、羊水、爪、血痕などもよいDNAのサンプルとなる。ただし赤血球は、成熟した細胞には核のDNAはほとんど含まれていない。

白骨化している場合は、歯には象牙質にDNAが比較的多く含まれ、細菌の汚染も少ないので、DNA鑑定には最適の部位である。ただし、歯の表面のエナメル質は最後まで残るが、この部位からのDNAの抽出は期待できない。歯髄はDNAを最も多く含むが、細菌が繁殖しやすいので、比較的新鮮な資料の場合に限られる。

また、毛髪では、力を入れて抜いた毛根部からは非常によい状態のDNAを抽出できるが、痛みをともなうのであまりお勧めできない。自然脱落毛は、状態によって回収量に大きな違いがあるが、一般的にはよいサンプルとはいえない。ただし、後述するミトコンドリアDNAは毛幹部からも比較的よく回収できる。

そのほか、ヒトのDNAが多かれ少なかれ検出できそうなものとしては、へその緒、骨、垢、耳垢、糞便、靴、ネクタイ、下着、歯ブラシ、髭剃り、タバコの吸殻、触ったコップ、噛んだガム、指紋、布団や枕などがある。

ヒト以外でも基本的には同様である。魚類、両生類、爬虫類などのある程度大きい動物であれば、採血などの面倒な操作は不要であることが多く、小さい綿棒で体表をこすったものからも十分なDNAを回収できる。微小な生物は全体を潰して、DNAを回収する必要がある。たとえば肉眼ではほとんど見えないクマムシ一匹でも、DNA鑑定のサンプルとしては十分であるが、この場合は、消化管内に餌として食べた藻類や菌類などのDNAも含まれるので、分析した生物種を取り違える危険性が増す。DNAの抽出が困難なものとしては、チョウの鱗粉、クチクラ、エビやカニの殻などのキチン質、貝殻、鳥の卵殻、セミの抜け殻、サンゴの殻、木の木質部などが挙げられる。

DNA資料の保存性

生きている細胞であれば、ＤＮＡの保存具合に問題はない。しかし、死んだ細胞の場合には条件によってＤＮＡの保存具合は大きく変わってくる。

まず、プログラムされた細胞死である「アポトーシス」によって死んだ細胞は、自己のもつＤＮＡ分解酵素により、ＤＮＡは細かく分解されてしまっている。ただし、垢などは分解されたＤＮＡの割合は高いものの、個体識別には十分な量が残っている。

白骨のような場合は、ＤＮＡの残り具合は放置されていた場所によって大きく左右される。より残っている場所として、すぐ思いつくのは次のようなところである。

①南方より北方
②低地より高地
③湿潤より乾燥
④高温より低温
⑤地表より地中
⑥酸性よりアルカリ性
⑦淡水中より海水中

それぞれ後者のほうがＤＮＡの保存性がよいのは、だいたいご理解いただけよう。最も決定的な要因は、資料の周りで活動している微生物が、多いか少ないかである。DNAは細胞死のあと、もともと細胞がもっていたDNA分解酵素によっても分解されるが、ついで微生物によって分解されているのだ。以下に、少し補足する。

③については、DNAは乾燥状態では、70℃以下であれば温度に関係なく安定している。また、凍結状態も、DNAがよく保存される。凍ったマンモスがそうだし、同じような状態のネアンデルタール人が発見されれば、非常によいDNAのデータが得られるであろう。

⑤については、遺体を土中深くに埋めると、浅く埋めたものより腐りにくいことは昔から知られているが、その理由を正確に知っている人は少ないだろう。深いほうが温度の変動が少ないとか、死体を食べる動物が少ないからと考えられがちである。しかし、一番の原因は、圧倒的に微生物の数が少ないからである。微生物の非常に多い腐葉土層に埋まっている人骨は、最も早く土に還りやすい。なお、灼熱の砂漠は、微生物が少ないので、DNAの保存状態はよいであろう。

⑥については、歯や骨に閉じ込められているDNAは、リン酸カルシウムなどによって微生物から守られている。DNAは酸性条件下では物理的に分解されやすいうえに、骨や歯のカルシウムが溶け出す脱灰《だっかい》が起こるので、内部のDNAは微生物の攻撃を受けやすくなる。

⑦の淡水中と海水中では、明らかに海中にあった遺骨のほうが、長期間よいDNAを回収できる。海の水素イオン濃度は8・0程度の弱アルカリ性だからである。それに対して、湖や川は弱酸性のことが多いので、カルシウムが脱灰されやすい。

また、DNAは比較的酸化しやすい物質である。たとえば、発掘現場から見つかった色鮮やかな木の葉や虫の羽も、しばらく外気に触れると酸化して色あせてしまう。私が最も印象に残っているのは、手塚治虫の漫画『インセクター』である。昆虫収集家が南の島で大きな繭を見つけ、その中から生身の女性を取り出したところ、翌日には酸化して灰となってしまうシーンがあった。同じようなことが縄文人骨にもあてはまるかもしれない。経験的には、発掘したら、DNAはできるだけ早く回収したほうが、成果はいくぶん良好のようである。

DNAを抽出するときのことで、ひとつふれておかねばならないのは、PCR反応がうまくいかなくなる「阻害剤」とよばれる物質があることだ。

DNAを抽出して精製するとき、多少の不純物があっても通常は問題が生じることはないが、たとえば、頰の粘膜の内側の細胞を綿棒で拭ってDNAを採取した場合に、被験者が直前にコーヒーを飲んでいたりチョコレートを食べていたりすると、いくらPCRを繰り返してもうまくいかず、塩基配列を読むことができない。これは、植物に含まれるポリフェノールがP

CRの阻害剤として作用するからだ。阻害剤にはほかに、赤血球中のヘモグロビン、肝臓に含まれるヘパリン、腐葉土中にある腐植酸、植物のムコ多糖類などが知られている。

PCRがどうしてもうまくいかないときには、われわれは阻害剤の混入を疑う。そうした場合は、抽出したDNAの濃度を測定し、DNAがあるかないかの見当をつけたうえで、別の精製方法を試みるなどの工夫をすれば、阻害剤を除くことができる場合が多い。

DNAを採取する

さて、少し前置きが長くなったが、戦没者のご遺骨のDNA鑑定にあたっての具体的な手順を示そう。

まず、現地で収骨された複数のご遺骨から、外部形態を見て最もDNAの保存状態がよいと思われる数本の歯が選ばれ、厚生労働省の担当者が日本に持ち帰る。そこからわれわれがDNAを抽出して、鑑定するわけだ。通常は1本の歯があれば十分に鑑定可能である。DNA抽出は2〜3日以上を要する、最も気をつかう操作である。

初期のころは、鑑定に最も適するご遺骨の部位がわからず、いろいろな部位が持ち帰られた。試行錯誤の末に、鑑定には歯が最もよいことがわかった。水分や微生物が侵入しにくいためだ。現在は、歯を回収できない場合のみ、大腿骨のような、できるだけ硬くて緻密な骨を持ち帰るようになった。

また、うっかりすると抽出をしている自分自身や、他人のＤＮＡが混入してしまうこともある。この汚染の問題は非常に厄介なのだ。

現地でのＤＮＡ鑑定用の資料採取が終わったら、残りのご遺骨は現地で個体別に焼骨して、日本に持ち帰る。そのあとは、武道館近くの千鳥ケ淵戦没者墓苑にひとまず安置される。

次に、遺族（正確には遺族の可能性がある人）の鑑定資料を収集する。厚生労働省から提供された、口腔内細胞を回収する濾紙《ろし》のついた棒で、頬の内側や歯茎などをこすってもらって細胞を採取する。細胞は乾燥させたあと、厚生労働省に送る。遺族から提供された口腔内細胞は、祈るような気持ちからだろうか、採るときに力が入りすぎて、血の滲んでいる資料が少なくない。このような資料を見るにつけ、早く身元を確定してあげたいという気持ちになる。

DNAには2種類ある

鑑定作業は、最初に戦没者のＤＮＡから始める。ここで、ＤＮＡ鑑定において非常に重要な知識について説明しておく必要がある。ＤＮＡには大きく分けて二つの種類があるのだ。

一つは、細胞の「核」の中の染色体にある、二重螺旋の構造をもつ「核DNA」である。一般的に知られているDNAの姿はこれだろう。さらに、このDNAは「常染色体」のDNAと、「性染色体」のDNAに分けられる。常染色体とは、人体が普遍的にもっている、男女（雌雄）で数や大きさなどに差がない染色体のことだ。もう一方の性染色体は、X染色体とY染色体があり、男性ならXYというペア、女性ならXXというペアでもっている。

もう一つは、「ミトコンドリアDNA」である。これは核の染色体にあるDNAとはまったく異質の、核の外でエネルギーをつくりだす仕事をしている「ミトコンドリア」にあるDNAだ。

かつて、生物にとって酸素がまだ猛毒であった時代に、シアノバクテリアという藻類が大繁殖して、光合成によって大気中に大量の酸素を吐き出した。そのため多くの生物が滅びたが、酸素を呼吸に使える生物を体内に取り込み共生に成功した生物だけが大繁栄したといわれている。取り込まれた生物は、宿主の細胞でミトコンドリアとなって生きつづけ、宿主とは別に、自分たちのDNAを受け継いでいるという、少し不気味な話である。

ミトコンドリアDNAは、子には母親のものしか受け継がれない。したがって、ミトコンドリアDNAを調べれば、母親を同じくする兄弟かどうかなどを立証することができる。

なぜこのような話をするかといえば、遺族とみられる人が戦没者の息子なのか娘なのか、あるいは兄弟姉妹なのかなどによって、鑑定方法が異なってくるからだ。

戦没者のDNA検査では、原則として遺族の常染色体のSTR、ミトコンドリアDNAの塩基配列、男性の場合はY染色体のSTRを検査する。必要があれば、これ以外の検査も行う。

どのような続柄の遺族でも、常染色体のSTRの検査はすべて行うのだが、この検査だけでは、子供、兄弟、甥、姪、孫……と血縁が遠くなるにしたがって、鑑定精度は低下していく。それでも血縁者が多いほど身元判明の機会は増えるが、もし戦没者とミトコンドリアDNAでつながる遺族や、Y染色体でつながる遺族がいれば、次に述べるように、関係が遠くとも身元調査に非常に役立つのである。

ミトコンドリアとY染色体にさえつながれば

これまでに、ロシアから提供された名簿をもとに、シベリア抑留者のご遺骨の約1万柱のDNAが鑑定され、そのうち1000柱強の身元が判明している。10%ほどしかない実績では、「DNA鑑定はたいしたことないのではないか」と思われるかもしれない。しかし、遺族が見つからない場合や、すでに血縁者が生存していない場合、また、遺族がDNA鑑定を希望しない場合も少なくないことから、結果的には遺族の鑑定は全体の20％程度しか行われていない。つまり、遺族の鑑定が実施された場合は、50％以上の確率で身元が判明している。

これまでに行われた約1万柱分のご遺骨のDNA鑑定記録は、厚生労働省に保管されている。厚生労働省では遺族とみられる人に連絡をとり、DNA鑑定の打診をしているが、兄弟姉妹や子など近しい親族がいない場合は、判定は無理だろうとあきらめる人も多いようだ。

たしかに戦没者の兄弟や子供が生存している場合は高率で身元が判明するが、孫、甥、姪などだけでも、判定が可能なことは少なくない。甥、姪、孫より遠い血縁者しかいない場合の判明率はかなり低くなるが、それでも、Y染色体やミトコンドリアDNAでつながる遺族がいれば、戦没者の父母の兄弟姉妹などのつながりの資料でも、十分に役立つ。つまり、Y染色体であれば、戦没者の父の兄弟や祖父つながり、ミトコンドリアであれば、戦没者の母や祖母つながりで代用できるのだ。

これまでは子や兄弟姉妹でない場合の鑑定では、厚生労働省から「該当遺族なし」と通告される例が少なからずあった。これは戦没者遺骨のDNA判定人会議で、身元の取り違えを防ぐために厳格な基準を適用してきたことによるが、実際にはミトコンドリアDNAやY染色体のDNAにつながる家族のサンプルがあれば、確実に判定の精度は向上する（図2－1）。戦没

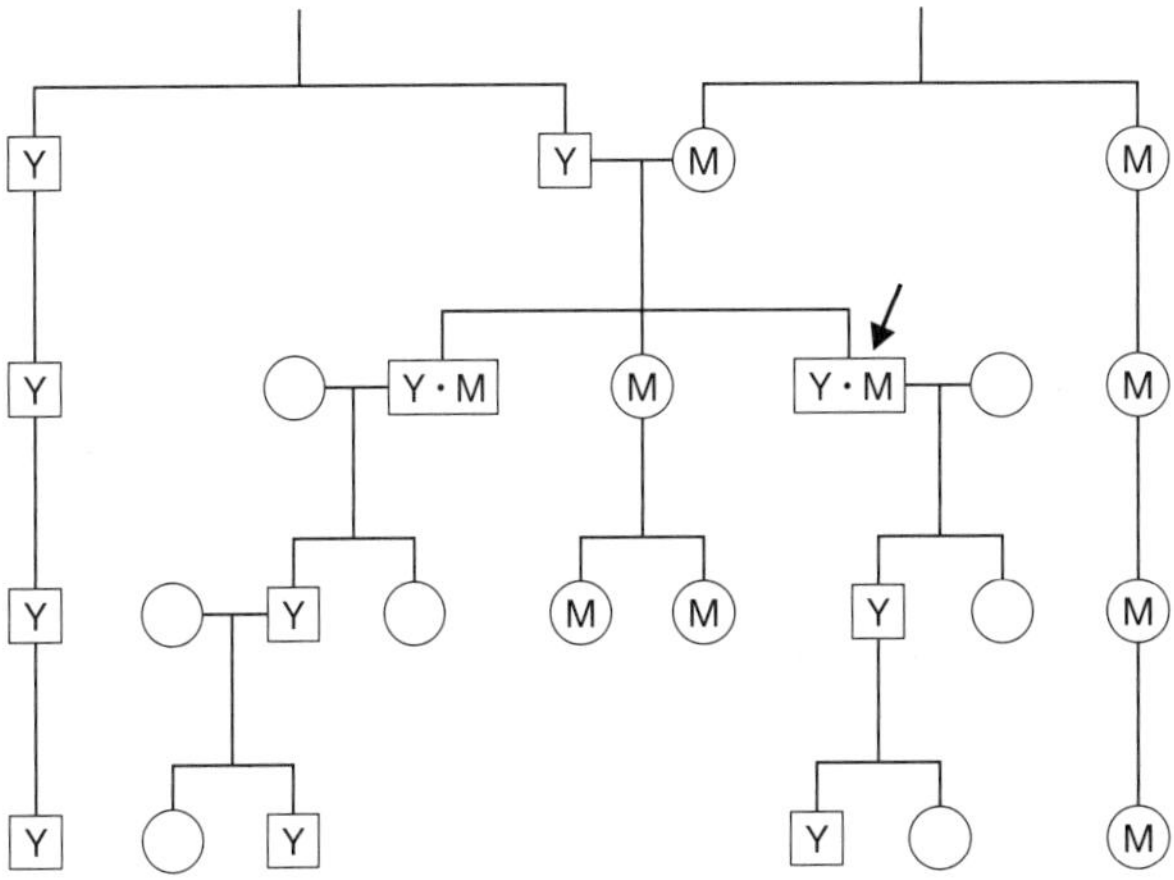

図２－１　ミトコンドリアDNAとＹ染色体DNAからみた親族関係図
□：男性　○：女性　Ｍ：ミトコンドリアDNA　Ｙ：Ｙ染色体DNA
戦没者の男性（矢印）と同じＭまたはＹをもつ親族はこれだけいる

者と同じＤＮＡ型をもつ人の割合は、通常行っている方法でも平均一致率はミトコンドリアＤＮＡで１００分の１、Ｙ染色体で１０００分の１くらいなので、二つともに戦没者と同じタイプの遺族は10万家族に１家族程度ということになる。さらにほかの遺伝形質のＤＮＡ鑑定を追加すれば、血縁関係が遠めの遺族だけでも、ほぼ身元は判明すると期待できる。

判定は無理だろうとあきらめていったんは鑑定を希望しなかった場合でも、厚生労働省にＤＮＡの資料を送れば、追加の鑑定は十分に可能である。

これまでに鑑定人たちが多くのご遺骨で経験を積ませていただいたおかげで、

戦没者と遺族をつなぐ日本のDNA鑑定技術は世界一といってよい。千鳥ケ淵戦没者墓苑に身元不明者として眠るご遺骨を、一人でも多くご家族の元に帰してあげたい。

ところで、この章のはじめに、約2万柱のご遺骨が厚生労働省によって収骨され、里帰りしていると述べた。記憶力のよい方は、約2万柱を収骨したのに、なぜDNA鑑定は約1万柱にしか行われないのかと疑問をもたれたかもしれない。これは、収骨のために現地に赴いた担当者が、ご遺骨の状態が悪いのでDNA鑑定は無理だろうと判断したり、混合埋葬されていて個体別の収骨は困難とあきらめたりして、DNA鑑定に使える資料を採取せずに焼骨してしまったからである。

最近でこそ、そのようなことは極力ないよう改善されてきたが、少なくない遺族にとって、DNA鑑定の機会は永久に失われてしまった。人生には生前のみならず死後までも、運不運がつきまとう。

シベリアと南方の遺骨の違い

これまでの戦没者のDNA鑑定のほとんどは、シベリア抑留者について実施されている。これは、公費をつかってDNA鑑定をする以上、対象となるご遺骨は、身元をある程度特定できるものに限られてきたからである。

6万人におよんだシベリア抑留戦没者も、第二次世界大戦における日本のすべての海外戦没者から見れば、ほんの一部である。100万柱以上は、いまだに収骨されず異国にうち捨てられている。

これまで、シベリア以外に、沖縄、硫黄島、フィリピン、パプアニューギニアなどの南方戦線の戦没者のご遺骨のDNA鑑定が行われたが、遺族との血縁関係が判明したのはわずかにすぎない。シベリアのように名簿があるわけではないので、身元を示す印鑑などの遺品や、戦友による埋葬場の証言などがなければ、公費によるDNA鑑定は実施されないことが多いのだ。

シベリア抑留者以外のDNA鑑定には、ほかにも問題がつきまとう。たとえば、シベリアのような寒い地域とは異なり、南方地域ではDNAが劣化する速度が速いことがある。

さきほども述べたが、DNAの劣化は高温や多湿が決定的な要因ではない。カルシウムを主成分とする骨や歯の中には、コラーゲンやDNAを含む骨細胞が多数存在する。その細胞膜が破壊されないかぎり、DNAは比較的よい状態で保存されている。ところが、脱灰が起こりカルシウムが溶出すると、DNAを分解する微生物の侵入が容易となってしまう。骨や歯に十分量のカルシウムがあることが、DNAの保存には最も大切である。だから、アルカリ性の状態である貝塚、石灰岩地帯、海岸や海中では長期間にわたり、ＤＮＡが保存されている。南方戦線では微生物が多いために骨が攻撃を受けやすいという側面もあるだろうが、第一義的にはあくまでも、アルカリ性の環境にあるかどうかが骨の保存状態を決めるのである。

骨も拾えない国家

だが、南方地域での戦没者のＤＮＡ鑑定におけるいちばんの難題は、シベリアと違って住民がいる地域が多いので、収骨された骨が戦没者のものかどうかを識別するのが容易ではないことである。たとえば「風葬」の習慣がある地域では、たとえ洞窟の中で日本兵のヘルメットが見つかっても、そこにある骨の大半は日本人のものではないことが多い。また、住民の墓地と戦没者の墓地を遺骨の状態から区別することも、容易ではない。

そこで、現地の住民のものである可能性があるご遺骨については、血縁関係を調べるＤＮＡ鑑定の前に、形質人類学者による判定や、日本人か外国人かを識別する特殊なＤＮＡ鑑定を行うことがある。この鑑定は、日本人に特徴的なＤＮＡ型と、それぞれの地域の住民を特徴づけるＤＮＡ型とを調べることである程度達成できる。しかし、住民と日本人との混血が多かった地域では、完璧な区別は困難である。

ほかには、考古学の対象となるような古い人骨と疑われるケースも少なくない。このような場合は、人骨からコラーゲンを抽出し、その炭素14を放射性同位元素法によって調べれば、死亡した年代はかなり正確にわかる。ただし、この方法では５００年ほど前か、比較的新しい骨か、の区別しかできないので、明治期の骨と戦没者の骨を区別することはできない。

現実問題として、南方地域においては、現地住民と日本兵のご遺骨を正確に区別した収骨は、かなり厄介であると思われる。しかし、例外もないわけではない。

硫黄島のような、もともと住民がわずかであった島では、墓地の名簿はなくとも、十分にＤＮＡによる身元調査は可能である。海外での戦没者の多くは兵士だから原則的に男性なので、ミトコンドリアとＹ染色体のデータが使える。先に述べたように、両方が一致するタイプをもっているのは、10万家族に１家族程度である。やろうと思えばＤＮＡ鑑定は可能なのである。ただ、硫黄島の特殊事情としては、その地名にあるように硫化水素によって強い酸性を示す土壌のところがあるので、半数程度のご遺骨は、すでにＤＮＡが分解されて鑑定は不能かもしれない。しかし、そうであるとしても、日本政府には、国のために戦死した人に対し、できるかぎりＤＮＡ鑑定を行う責務があるのではなかろうか。硫黄島では、２万人を超える人が亡くなっているのだ。

もう一つ、忘れてはならないのが、戦艦や輸送船などとともに海底に沈んでいるご遺骨である。これらのDNA鑑定は、いまだほとんど行われていない。しかし、陸で埋葬されたご遺骨と比較して、船内のご遺骨には同等かそれ以上のDNAが、分解されずに残されている可能性が高い。船名が判明すれば、乗船名簿もあるだろう。沈没船の引き上げや、ロボットによる収骨など、手段を尽くして、DNA鑑定による身元調査を早急に検討すべきである。

このように戦没者の遺骨を放置しつづける国家に対しては、「骨も拾えないなら戦争などするな」と言いたい気持ちにもなる。最後に、上杉鷹山《ようざん》公のよく知られた歌を掲げておこう。

為《な》せば成る　為さねば成らぬ　何事も　成らぬは人の　為さぬなりけり

東日本大震災の身元調査

2011年3月11日に発生した東日本大震災では、1万5897人が亡くなり、いまもなお2533人が行方不明のままであるという（2019年3月1日現在）。また、遺体が見つかったものの、身元が判明していない無縁仏は、いまだに60体程度あるという。

当初は、所持品や歯型などで、多くの人の身元が判明した。ついで、個人識別によるDNA鑑定が広範に実施された。これは、遺族に犠牲者のDNAを含むサンプルを提供してもらい、遺体のＤＮＡ鑑定結果と照合するもので、ぴったり一致すれば身元の判明となる。サンプルとは、たとえば髭剃り、歯ブラシ、へその緒、切手、履物、病理組織切片などである。

これらによる直接的なＤＮＡ鑑定ができない場合は、血縁者からＤＮＡ資料を提供してもらって、親子鑑定や兄弟姉妹鑑定などをすることになる。血縁関係者がこれらより遠い場合は、現状の検査体制では、ＤＮＡ鑑定による判明は残念ながらあまり期待できない。

しかし、これでよいのだろうか。

迅速な身元の調査のためには、身元が判明していない犠牲者と、行方不明者を探している家族や血縁者、それぞれのミトコンドリアＤＮＡの塩基配列（母系）と、Ｙ染色体のＳＴＲ（父系）のデータベースを早急に構築すべきである。そうすれば、遠い血縁者であっても鑑定の精度は上がり、身元不明遺体は激減するはずなのだ。

身元調査が遅々として進んでいない理由は、家族や血縁者からの、ＤＮＡ資料や犠牲者のサンプルの提供を得ることが困難であるから、と説明されている。しかし、各市町村の担当者が、手分けして集めることは、そう難しくはないのではないだろうか。身元調査が遅れている本当の理由は、別のところに潜んでいそうである。

なぜミトコンドリアDNAが鑑定されないのか

現在、東日本大震災のDNA鑑定は、科警研の指導のもとで、各都道府県の科捜研があたっている。しかし、科捜研は犯罪捜査などに忙殺されてただでさえ人員が足りず、大震災の身元調査まではとても手がまわらない、というのが実情かもしれない。

それに、そもそもミトコンドリアDNAの鑑定は、原則として、科捜研には許可されていないのである。鑑定が可能なのは、科警研までなのだ。

その理由は一つには、第1章で述べた、DNA鑑定導入時の特許問題が絡んでいるようだ。というのは、ミトコンドリアDNAの塩基配列を判定する場合は、核DNAの鑑定と違って、判定のための専用キットを必要としないからである。つまり、ミトコンドリアDNA鑑定用のキットは、もともと市販されていなかった。DNA鑑定が日本に入った当初、PCR法の特許料が免除される条件として、ABI社が市販している判定用キットを定められたプロトコル通りに使用すること、と定められたことは前述した。ところが、ミトコンドリアDNAの場合はキットが存在しないので、この条件をクリアできなかった。そのため鑑定に使うことができず、特許が切れた現在も、その体制が堅持されているわけである。

しかし、科警研の心配事はほかにもありそうだ。それは、ミトコンドリアＤＮＡの検出感度の問題である。

通常の、常染色体にある核ＤＮＡの鑑定では、調べる細胞が5個程度では、再現性のある結果は得られない。これに対してミトコンドリアは1細胞あたり数百個もあり、そして1個のミトコンドリアにミトコンドリアＤＮＡは5～6個は存在しているので、細胞1個あたりにはミトコンドリアＤＮＡは1000個以上も存在している。したがって、ごく微量の資料からでも簡単に結果が出る。

しかし、これは見方を変えれば、ミトコンドリアＤＮＡは感度がよすぎて、他人のＤＮＡが混じるなどして汚染されたＤＮＡまでも検出してしまう可能性が少なくないということだ。そのため、犯罪捜査に使用した場合、間違った結果が一人歩きしてしまう恐れがある。科捜研にいまだミトコンドリアＤＮＡの塩基配列を解析するシーケンサー機器用のソフトが支給されていないのは、そのためであろうと考えられる。そしてそこには、汚染を防ぐために必要な、ミトコンドリア専用のクリーンルームをつくる予算などを確保するのは困難、という判断もあるのではないか。

だが、じつは汚染が危惧されるのは、ごく微量のＤＮＡサンプルを扱う場合のお話なのだ。

東日本大震災のケースでは遺体が比較的新しく、また、前述したように海水に浸された遺体が多いため、DNAの劣化はさほど進行していない。さらに血縁者の対照サンプルも、DNA量が多い口腔内細胞から十分に採取できることが多いので、たとえわずかに他人のDNAの汚染があったとしても、鑑定結果に間違いが生じることは、事実上ないのである。

科警研は、東日本大震災の身元調査にあたり、ミトコンドリアDNAの分析が必須であることを認識している。にもかかわらず、予算がないからという言い訳で適切な対策を取らないのは、「本気でやる気がない」と疑われてもしかたがない。一刻も早く、鑑定が容易にできるミトコンドリアDNAを用いて、無縁仏をゼロに近づけてほしい。

次世代シーケンサーへの期待

あきらめる必要はまったくないという話をして、この章を終えることにしよう。現在、われわれが戦没者遺骨のDNA鑑定を始めたころには想像もできなかった技術革新が、とどまることなく進んでいる。塩基配列を読むことをシーケンスというが、従来のシーケンスの手法では、DNAがほぼすべて150塩基対以下に分解されていたら、戦没者のSTR型（短い塩基配列の繰り返し）は一部しか検出されず、遺族とのマッチングは困難であった。

ところが、まったく違う手法で、そこにあるＤＮＡの膨大な塩基配列を自動的に読んでくれる技術が21世紀に入って確立され、急速に普及している。それが「次世代シーケンサー」だ。その驚異的な解読力は、米国のヒトゲノム計画では１９９０年から13年をかけて31億塩基のうち30億塩基対のヒトゲノムを読んだが、２００７年に次世代シーケンサーはヒトゲノムの全配列をわずか２ヵ月で読んでしまったことに表れている。しかもかかった費用は、ヒトゲノム計画の約30億ドルに対して、わずか１００万ドルだったという。その後も次世代シーケンサーは進化を続け、さらに安価（１０００ドルほど）で実施できるようになっている。そこで厚生労働省は２０２０年度から、従来の判定方法では身元調査ができなかった遺骨に対して、次世代シーケンサーを導入することを検討している。

ここではくわしい解説は省くが、次世代シーケンサーの最大の特徴は、塩基配列の情報がまったくなくても、厖大な未知の塩基配列を得られるところにある。ご遺骨から得られたわずかな断片の塩基配列からも、かなりの正確さで故人のゲノム情報が得られる可能性が高い。その多量のデータを用いての遺骨と遺族のマッチングは、手作業の部分が少なくないので、現実には次世代シーケンサーの恩恵にあずかることは簡単ではない。

だが近い将来には、この大部分を人工知能（ＡＩ）がやってくれる時代が来るはずである。

その日に備えて、これからはご遺骨を焼骨してしまわずに保管することと、遺族のＤＮＡの保存が重要となるであろう。

第3章 少しだけ学ぶDNA鑑定の原理

ＤＮＡ鑑定の世界はどう説明してもややこしいので、入り口くらいはハードルを下げようと、まずは理屈を飛ばして実際に運用されている現場の話から始めた。だがこのあたりで、原理的なことを少しは説明しておかなくてはならない。本書はＤＮＡ鑑定のあまり煩雑なところには触れないつもりだが、最低限の概念や用語は、やはり知っておいていただきたい。

「遺伝子」「ＤＮＡ」「染色体」「ゲノム」

まず、何かと混同されがちな「ＤＮＡ」「遺伝子」「染色体」「ゲノム」といった用語を整理しておこう（図３－１）。この区別が正確に理解できている方は、読者の中にも少ないのではないだろうか。

前の章で、戦没者遺族のＤＮＡ情報を鑑定する方法について述べた。それは、頬の内側や歯茎などを採取用の棒でこすって、細胞を採るというやり方だった。こうして集めた細胞を、染色用の液（塩基性染色液）で浸してから顕微鏡でのぞいてみよう。すると、細胞の中に必ず１個ある核の中で、何かが染色液に染まっているのがわかる。これがＤＮＡである。

ＤＮＡは通常、細い糸のようになって「ヒストン」とよばれるタンパク質に巻きついている。これをクロマチン構造という。

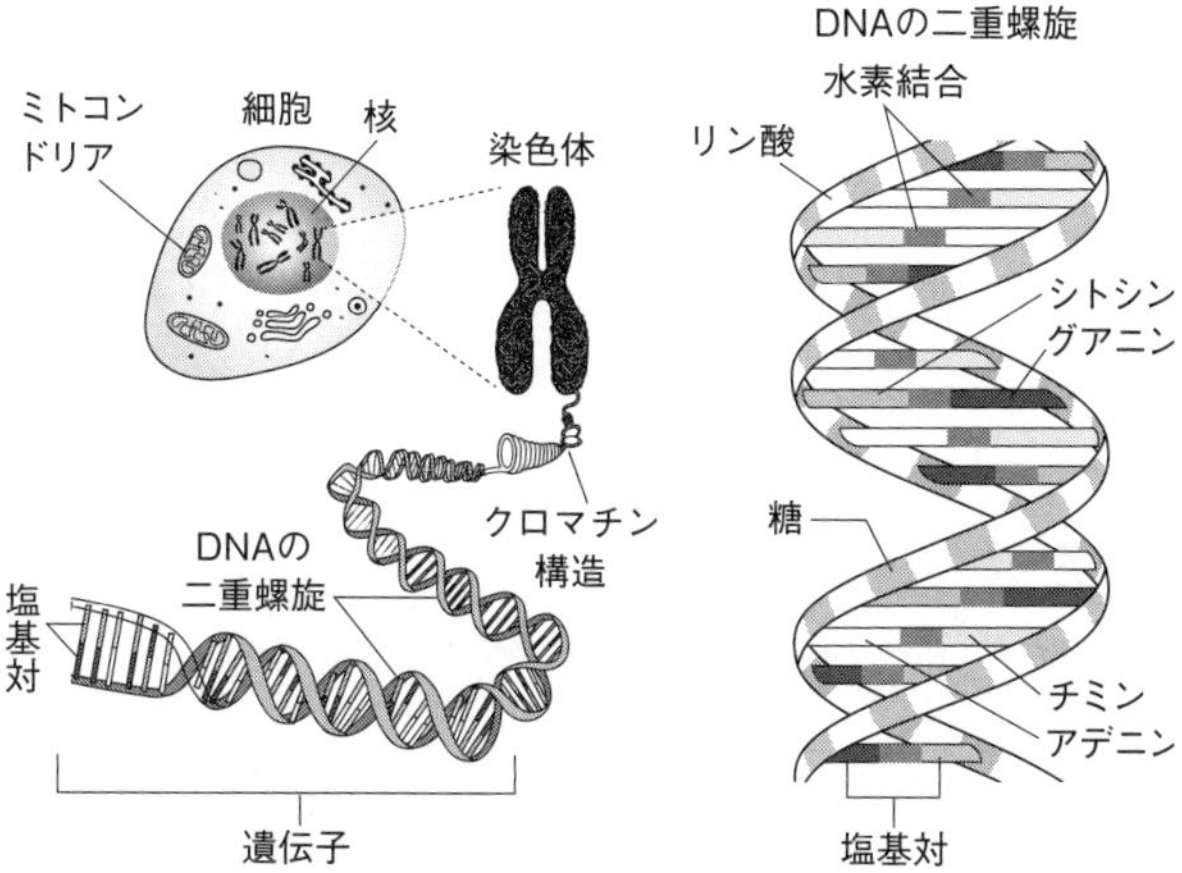

図３－１　染色体、DNA 、遺伝子の関係

クロマチン構造が棒状になったかたまりが「染色体」である。染色体は通常の細胞では見ることができず、細胞分裂（体細胞分裂や減数分裂）のときにのみ出現し、このときは染色液によく染まるのでこの名がある。

さらに、細い糸状のＤＮＡには、ところどころに「遺伝子」がある。親から子へと受け継がれるさまざまな形質は、ＤＮＡ内でタンパク質をコードしている遺伝子に書き込まれた設計図をもとにしてつくられている。この設計図、すなわち遺伝情報は、遺伝子の中でアデニン（Ａ）、グアニン（Ｇ）、シトシン（Ｃ）、チミン（Ｔ）の４種類の塩基がどう並んでいるか（塩基配列）によって規定されている。

そして、生物のDNAがもっているすべての遺伝情報のことを「ゲノム」という。いわば、DNAが形のある「物質」であるのに対し、ゲノムとは形のない「情報」の総体なのである。たとえば「コムギの全ゲノムを解読した」といったとき、それは「コムギのDNAがもつ遺伝情報をすべて解読した」という意味である。

このように、細胞の核の中にはたくさんのDNAが詰まっている。それらは細胞分裂時にみられる染色体と、タンパク質をコードする遺伝子とに区別することができ、それらがもつ情報のすべてをゲノムとよんでいるのである。

ミトコンドリアDNAの特異性

しかし、ここまではあくまで、細胞の核にある「核DNA」にまつわる説明である。用語の関係を知っていただくためにまずこの話をしたのだが、DNAにはそのほかに、核の外のミトコンドリアに「ミトコンドリアDNA」があることはすでに述べたとおりだ。

核膜内にある核DNAと、ミトコンドリアDNAとの大きな違いは、ミトコンドリアDNAがもつ遺伝情報は、その生物の形質にはあまり影響せず、ミトコンドリアの中だけで母親から子へと伝えられる閉じた情報であるということだ。

およそ15億年前、（酸素を使えない）嫌気的生物の細胞中に（酸素を使える）好気的生物がもぐりこんで共生を始めたそのときから、ミトコンドリアは動植物の体内で自分たちだけの独立した遺伝情報をミトコンドリアＤＮＡによって継承してきたのである。

このようにミトコンドリアＤＮＡは、親から子へと形質が受け継がれるという一般的な意味での「遺伝」とは関わりがないのだが、それでもＤＮＡ鑑定においては重要な意味をもっている。それは、次のような理由からである。

（1）ミトコンドリアＤＮＡは、一つの細胞に多数存在している。

（2）ミトコンドリアＤＮＡは、母から子への母性遺伝をする。

（3）ミトコンドリアＤＮＡは、核ＤＮＡに比べ、突然変異率が5～10倍も高い。

このうち（1）と（2）はすでに述べたので、ここではとくに（3）について説明する。

同じ種の生物であれば、ＤＮＡの塩基の配列はほとんど共通だが、個体どうしで比較した場合、ところどころで、ある塩基が別の塩基に置き換わっている。たとえば「Ｇ」のところが「Ａ」に置き換わっているというように、である。これを「一塩基多型」あるいは「ＳＮＰ」（スニップ＝Single Nucleotide Polymorphism）とよぶ。ＳＮＰは突然変異によるものである。

たとえばヒトの核ＤＮＡでは、５００塩基に1個程度の割合で、ＳＮＰがみられるが、その大部分は世代交代するうちに、いつの間にか消滅する。

しかし、ミトコンドリアDNAでは、塩基置換が核DNAの5～10倍の速さで起こっている。その理由としては、ミトコンドリアDNAは核の外にあって、つねに活性酸素などにさらされているため、核DNAよりも突然変異が起こりやすい状況にあることや、核DNAよりも修復機構が劣っていることなどが考えられる。

このため、ミトコンドリアDNAでは個体間でもSNPが現れやすく、ヒトにおける個人識別や、動物の個体識別をするときに非常に有用である。

また、生物の「進化」は突然変異によって起こる。つねに遺伝情報どおりに親から子へ正しく形質が伝えられていたのでは、進化は起こりえない。突然変異が起こりやすいミトコンドリアDNAは、ある生物種に進化が起こったときに、新旧の種を区別する目印としても多用されている。現在、かなりの動物種でミトコンドリアDNAの全配列が解読されていて、動物の進化の道筋をたどるのにおおいに役立っている。

こうしたミトコンドリアDNAに独特のDNA鑑定については、のちほどくわしくみていく。なお、ここではくわしくふれないが、DNAにはほかに、植物の葉緑体にある「葉緑体ゲノム」に存在するものもある。これもミトコンドリアDNAと同様、酸素が使える葉緑体をもつ生物シアノバクテリアが、ほかの嫌気的生物の中にもぐりこんで共生を始めたときから受け継がれているものである。

DNA多型の種類

核DNAやミトコンドリアDNAなどのゲノムをつくる塩基の配列は、生物種によって違いがある。また、同じ生物種のなかでも、個人や個体によって違いがある。同種内でのこうした違いのことを「多型」という。DNA鑑定とは、多型を利用して、個体識別や親子鑑定、種の区別などを行うものである。

ヒトの個人識別や親子鑑定に用いる塩基配列の多型は、次のような基準で選ばれている。

①多型が病気に関連するものではないこと
②多型が世界の多くの集団で示されていること
③多型が確実に、容易に判定できるものであること
④その多型と同じ塩基配列（相同配列）はゲノム中に1ヵ所のみであること

では、塩基配列の多型にはどのようなものがあるかを、ここでまとめておこう。それには、おもに次の三つの種類がある。

（Ⅰ）塩基の置換による多型
（Ⅱ）繰り返し数の違いによる多型
（Ⅲ）塩基の挿入・欠失による多型
以下で、順にみていこう。

（Ⅰ）塩基の置換による多型（SNP）

さきほども述べたように、同種の生物であればDNAの配列はほとんど共通なのだが、ほかの個体と比較すると、ところどころで塩基が違うものに置き換わっている（図3－2）。これがSNP（一塩基多型）である。これも前述したように、ヒトの核DNAでは500塩基に1個ほどのSNPが見られる。

ヒトのSNPには、多くの集団で見られるものや、限られた集団のみで特異的に見られるものなどがある。おそらく、最初の人類が誕生したときから受け継がれているSNPと、人類が世界中に拡散していく過程で突然変異によって新たに獲得したSNPがあるのだろう。

突然変異で生じたSNPのほとんどはいずれ消滅するが、一部は自然淘汰のなかで生存に適応して頻度を上げ、あるいは偶然に残って、定着する。一部の地域で高い頻度で存在するSN

Pならば、精査すればおよその発生場所と、発生時期が推定できる。たとえば、第1章でもみた酒が飲めない下戸のSNP（専門的にはALDH2の2型）は、3万〜4万年くらい前にたった一人の東アジア人に発生したものと考えられている。また、ABO式血液型を規定する三つのSNPは、原人から受け継いだと思われる。

アミノ酸をコードする塩基配列にSNPが起こると、タンパク質の機能に違いが生じることもある。したがって、遺伝子診断（遺伝子検査）においてSNPは主要な検査項目である。

AGATATAGAC

↓

AGATATGGAC

図3-2　塩基の置換による多型（SNP）
AがGに置き換わっている

SNPの判定法

初期のSNP判定法といえば、PCRで増幅した2本鎖DNAを、目的に合わせた制限酵素で切断し、断片の鎖長（塩基配列の長さ）を比較することで、特定のSNPの有無を判定する方法などが採られていた。しかし、この方法ではSNPの個所を正確には特定できないとか、たくさんのSNPを同時に判定できないなどの理由で、利用される機会は激減していった。現在ではおもに、高校や大学などで実習用として用いられている。

これに代わって最近では、多数のＳＮＰを同時に判定できる方法がいくつも開発されている。代表的なものに「ＤＮＡチップ法」があり、これは一度に10万以上ものＳＮＰを同時に判定できる。ただし、前処理としてＤＮＡを蛍光色素で標識（ラベル）する必要があるので、ＤＮＡが細断化されてしまっている遺骨の分析には不向きである。また、高価な蛍光検出機器なども必要とする。

われわれは、ＳＮＰに特異的なプライマーと、旧式の電気泳動を用いた安価な装置を用いる「ＡＰＬＰ法」（Amplified Product Length Polymorphism）を開発した。シンプルで古典的ながら、多くのＳＮＰを低コストで同時に検出できるお手軽な判定法だ。しかも検出速度は速く、識別能力は高い。しかし、職人技とコツを必要とするので、使ってくれる人はあまり多くはないのだが。

（Ⅱ）繰り返し数の違いによる多型

ＤＮＡの塩基配列の中には、一定の塩基配列が繰り返されている部位が多い。その繰り返しの数が、10回のものが11回に変わったり、９回に変わったりという変異は、ＳＮＰよりもかなり起こりやすい。そこで、ＤＮＡ鑑定では繰り返しの回数が多型としてよく用いられている（図３－３）。

日本の科警研が個人識別のために独自に開発して科学捜査に導入したのが、「ＭＣＴ１１８」とよばれる繰り返し部位に着目する鑑定法である。それは16個の塩基からなる繰り返し部位であった（最初の繰り返しのみは14塩基）。ただし、欧米人にはこの多型性は少ないので、世界的にはほとんど利用されていない。

われわれの経験した例では、この部位の繰り返し回数には個人によって14回から42回までの幅があった。ＰＣＲ法で増幅すると、短い鎖長が優先的に増幅されるため、これくらい鎖長に差があると、長い繰り返し配列が検出できないことが多い。そのため、ＭＣＴ１１８は現在では科学捜査に用いられることはなくなった。しかし、過去にはＭＣＴ１１８による冤罪《えんざい》事件も起こっている。そうした悲劇については、のちの章でふれることにしたい。

ＭＣＴ１１８のような長い塩基の繰り返しに代わって主流となったのが、４個ほどの塩基からなる短い鎖長の繰り返し配列だ。これが第1章でも少しふれた「ＳＴＲ」（Short Tandem Repeat＝短鎖縦列反復配列）である。ゲノム中にある短い繰り返し配列の大部分は2塩基からなっているが、これでは型判定の精度に難があるので、犯罪捜査ではおもに、確実な型判定

AGATATATGAC

↓

AGATATATATGAC

図3－3　短い繰り返し数の多型（STR）
ここでは2塩基「AT」の繰り返しを示した。上は3回、下は4回繰り返している

がしやすい4塩基の繰り返し部位が選ばれて用いられている。

STRはいま、科捜研による犯罪捜査や親子鑑定のみならず、果樹や野菜の品種の識別、あるいは野生動物の個体識別など、最も多く利用されている多型である。ただし、STRの突然変異率はほかの多型形質と比較して圧倒的に高いため、使用にあたっては注意が必要である。

日本の警察のSTR判定

ヒトのSTRでは、最初に、個人識別に有用な繰り返し部位が国際的な専門家が集まる委員会によって選定された。判定用のキットを製作する各メーカーは、その中から任意にSTRを選んで、キットを製品化している。だが、製品によっては一部に、異なる種類のSTRが含まれていることがある。

また、メーカーや製品によっては、同じSTR型でもプライマー（人為的に増幅させる塩

基）の部位が異なることもある。そのため日本の犯罪捜査においては、同じメーカーの特定の製品を使用している。同じタイプでも別のタイプに判定されるといった危険が生じるからである。

前述した、日本の犯罪捜査で多用されているＡＢＩ社製の判定キットは商品名を「アイデンティファイラー」という。これは、ヒトの常染色体上のＳＴＲを、一度のＰＣＲと電気泳動で、性別も含めて16種類まで調べることができる。その部位の内訳を表３－１に示す。

日本人の他人どうしでは、このうち性別を判定するものを除いた15種類のＳＴＲがすべて偶然に一致する確率（これを総合同値確率という）は、10のマイナス17乗（10京分の１）レベルである。これは事実上、一卵性双生児でしか一致しない確率であり、日本における最も頻度の高いタイプの組み合わせでも、４兆７０００億人に１人と見積もられている。

このように、ＳＴＲによる個人識別が驚異的な識別力を示すことは間違いない。ただし、この値は互いに血縁関係がまったくないと仮定した架空の大都市でのお話である。縁者間や血縁関係の濃い村や離島では、同じタイプの人がいる可能性は、はるかに大きくなることも忘れてはならない。

また、アイデンティファイラーでは、性別の判定には歯のエナメル質を合成するアメロゲニ

	調べる部位	染色体番号	繰り返し単位	繰り返し（回）
1	D8S1179	8	TCTA	7〜20
2	D21S11	21	TCTA	24〜38
3	D7S820	7	GATA	6〜15
4	CSF1PO	5	AGAT	6〜15
5	D3S1358	3	TCTA	11〜20
6	TH01	11	TCAT	5〜13
7	D13S317	13	TCTA	8〜15
8	D16S539	16	GATA	5〜15
9	D2S1338	2	TCTA	15〜28
10	D19S433	19	AAGG	9〜18.2
11	vWA	12	TCTA	10〜25
12	TPOX	2	AATG	5〜14
13	D18S51	18	AGAA	7〜27
14	D5S818	5	AGAT	6〜17
15	FGA	4	TTTC	17〜41.2
16	アメロゲニン	X,Y	性別判定	―

表3－1　アイデンティファイラーに用いられるSTRの部位

ンというタンパク質の塩基配列が用いられている。このタンパク質はX染色体とY染色体で鎖長が異なるので、それを利用しているのだ。ただし、一部の男性は、この部位のY染色体が欠けている。その場合は、男性であるのに女性と誤判定されてしまう。日本の男性では1000人に1人くらい、こういう人が存在する。一方で、女性であるのに男性と判定されるケースも、日本人では4万人中2~3人の確率で出現する。

こうしたことから、アメロゲニンの性別判定への利用は見送られるべきであるとわかったのだが、いつしか忘れられている。われわれは、男性の識別にはY染色体上の性決定因子（SRY）を用いるべきと考え、実行している（ただし2019年度より、この欠点を克服する個人識別用の「グローバルファイラー」が導入された）。

（Ⅲ）塩基の挿入・欠失による多型（インデル多型）

（Ⅰ）のSNPや（Ⅱ）のSTRに比べてやや出現頻度は少ないが、塩基の挿入・欠失による多型（図3－4）も、個人識別などに活用されるようになってきた。「挿入」とは、ある塩基配列に、別の塩基が入り込むこと、「欠失」はある塩基配列から、一部の塩基が欠けてしまうことである。

挿入・欠失が起こる範囲は1塩基から1000塩基以上までと多岐にわたる。このようにしてできる多型を「インデル多型」(Insertion/deletion polymorphism)とよぶ。

インデル多型では、挿入か欠失かの判断は容易ではないのだが、チンパンジーなどの配列と比較することで、ある程度は推測できる。また、この多型は個体識別の能力は低いのだが、以下の二つの利点があることで、欠点はカバーできる。

一つは、繰り返し配列を含まないので、STRよりもPCR産物の鎖長をかなり短くできることだ。そのため、変性して短くなったDNAにも有効である。もう一つは、型判定がSNPよりも容易で、鎖長の違いも電気泳動で識別しやすいことだ。これらにより、インデル多型では一度に多数の検査をすることができるのである。

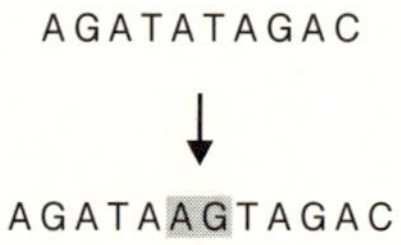

図3－4　挿入・欠失による多型(インデル)
図ではAGが挿入されている

日本の犯罪捜査では、インデル多型はまだ利用されていない。だが、DNAが分解されてしまってSTRではほとんど結果が得られないようなサンプルに対しては、活用する価値は十分にあると思われる。すでに市販されているキットもある。経年劣化などでもうDNA鑑定はできないとあきらめてしまっているようなケースに対しては、警察庁はインデル多型の利用を積極的に考えてもいいのではないだろうか。

ミトコンドリアDNAの鑑定

ここまでの話は、DNA全般に共通する鑑定の原理である。しかし、前に述べたようにDNAの中でもミトコンドリアDNAは、核DNAと比べてかなり変わっている点が多く、その特異さが鑑定にも利用されている。ここからしばらくは、ミトコンドリアDNAの鑑定についての話をしていこう。

まず、ミトコンドリアDNAの外形的な特徴は、二重螺旋形の核DNAと違って、環状になっていることだ（図3－5）。そして核DNAがヒトでは約31億塩基対もあるのに対して、ヒトのミトコンドリアDNAは1万6569塩基対とコンパクトである。これに1から順番に番号がつけられていて、環状なので16569番の次が1番となる。

この中には、タンパク質をつくる遺伝子をコードしていない（いわゆる「むだ」な）領域がある。これを「D－ループ領域」という。ヒトのミトコンドリアDNAでは、D－ループ領域

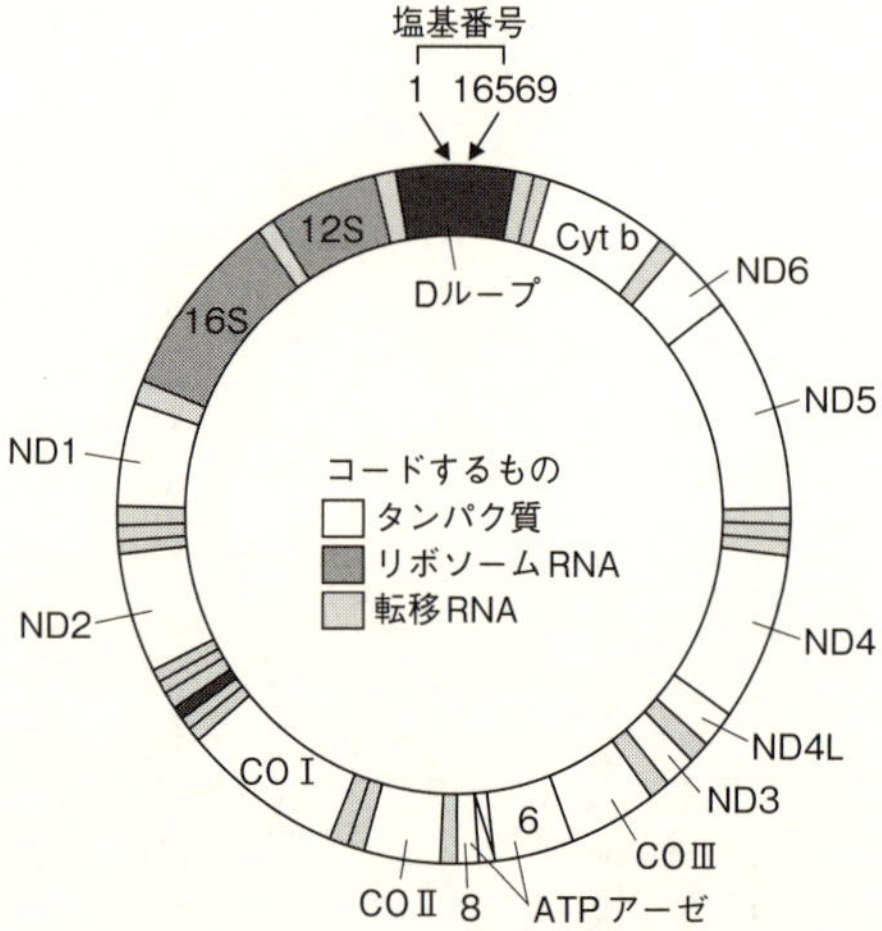

図3-5　ミトコンドリアDNAの模式図

にあたるのは16024番から16569番と、1番から576番の、あわせて1122塩基対である。ヒトの核DNAでは90％以上が「むだ」なのに対して、93％が遺伝子をコードしているところもミトコンドリアDNAの特徴である。この中に、とくに突然変異がよく起こっている「高変異領域」（HV）が3ヵ所ある。HV1（16024番～16400番）、HV2（50番～320番）、HV3（450番～540番）付近である。そして通常、最も変異が多いHV1の部位が優先的に分析されている。

ヒトのミトコンドリアDNAは、一人のヨーロッパ人の塩基配列が基準となっている。これは1981年に、最初に全配列が解読された「ケンブリッジ参照配列」といわれるものである。当時はまだＰＣＲ法が開発されていなかったので、塩基配列の解読には大変な苦労があったという。この配列を参照配列として、それとどう違っているかに着目すると、ある地域や集団に受け継がれてきた遺伝的な特徴を知ることができる。ミトコンドリアＤＮＡは母親から子へと代々、受け継がれ、交雑による組み換えがないからだ。

地域や集団によっても異なるが、日本で最もよく見られるＤ－ループの塩基配列は、以下の二つのパターンで、ともに約１％の出現頻度である。

（１）１６２２３Ｔ─１６３６２Ｃ─73Ｇ─２６３Ｇ─Ｃ７ＴＣ６─ＣＡ×５

（２）１６２２３Ｔ─１６３６２Ｃ─１６５１９Ｃ─73Ｇ─２６３Ｇ─Ｃ８ＴＣ６─ＣＡ×４

これだけ見ても何のことやら、であろう。「１６２２３Ｔ」は、１６２２３番の参照配列はＣだが、この個体ではＴであることを示している。（１）のパターンの「Ｃ７ＴＣ６」は、３０３～３１５番の配列が「ＣＣＣＣＣＣＣＴＣＣＣＣＣＣ」であることを示すものだ。「ＣＡ×５」は、５１４番から５２３番で、ＣＡが５回繰り返していることを示している。このＣＡリピートは、ヒトのミトコンドリアＤＮＡにおける唯一のＳＴＲ部位である。

なお、とくに変異が多いＨＶ１の中でも１６１８０番～１６１９５番（ＡＡＡＡＣＣＣＣ

TCCCAT）は、「超可変領域」ともよばれる、最も多様性に富む部位である。

ミトコンドリアDNAの全配列で比較すると、日本民族においては1000人あたり2人程度に見られるタイプが、出現頻度としては最大のものである。ただしミトコンドリアDNAは母性遺伝なので、縁者の多い小さな集団では、まったく同じタイプはより多くなるはずである。

とくにHV1領域の塩基配列は、膨大な人数がデータベース上に登録されている。自分の塩基配列で検索すると、そっくりさんがどの地方に多いかがわかる。弥生系の日本民族であれば、韓国や中国で多く見つかり、おばあちゃんの、おばあちゃんの、そのまたおばあちゃん……と、母系の大昔の出身地を推測できることが多い。

私のミトコンドリアDNAは、基本的には弥生系のようだ。だが、自分の登録データ以外とはフィットしないし、かなり近いと思われる配列もない。これは鑑定屋にとっては非常に好都合なことである。というのも、もしも、どこかできわめて微量のDNAの資料が分析されたところ私のタイプが検出されたら、すぐに私が汚染してしまったDNAであることがわかるからだ。

ミトコンドリアDNAのハプログループ

母から子へとそのまま受け継がれるミトコンドリアDNAは、DNAの塩基配列の全体を一つのタイプとして見ることができる。このような観点からみたタイプを「ハプログループ」とよんでいる。同一種内で、塩基配列を目印にして似たものどうしをグループ化していくと、いくつものグループに分けられる。これを大雑把に見渡せるように記号をつけたものが、ハプログループによる分類である。

似たような用語に、第1章でも少し述べた「ハプロタイプ」がある。両者の違いは、ハプログループはミトコンドリアDNAの全配列を大きくとらえたものであるのに対し、ハプロタイプは一部の塩基配列のSNPなどの細かな組み合わせに注目したものであることだ。たとえば、ミトコンドリアDNAのD-ループだけのデータは、ハプロタイプである。

現在のヒトのミトコンドリアDNAのデータをもとに、過去にさかのぼっていくと、すべての人類は20万～10万年ほど前のアフリカに住んでいた一人の女性（ミトコンドリア・イブ）に起源するという「イブ仮説」は、耳にしたことがある人は多いかもしれない。これはカリフォルニア大学バークレー校の分子生物学者アラン・ウィルソンとレベッカ・キャンにより提唱され、形態人類学者との間で激しい論争が起こったが、現在では大筋で妥当であろうと考えている人が多い。

「イブ」のような新種が誕生したときには、種の中での塩基配列の多様性はまだ少ない。しかし、時間の経過とともに、小さな突然変異が溜まっていき、結果として多種多様なハプログループが誕生する。現在では、すべてのヒトは26通りのハプログループに分けられていて、〝先着順〟にAからZまでの文字が割り振られている（図3－6）。

最初の割り振りは、アメリカの先住民について行われ、AからDまでが使われた。そのあと、ほかの民族のハプログループにも順に割り振られて、Zまで行き着いた。その後も、さらに多くのハプログループが見つかったが、幸いというべきか、すべてがM、N、Rの下位のタイプであったので、数字を補うだけで事足りた。現在では、M91・N22・R32などが当てられている。これらのグループは、分析が遅れていたインドからオーストラリアの先住民に多いタイプである。

ちなみに「ミトコンドリア・イブ」のハプログループはLであり、そこからアフリカ大陸でL0からL6までに分岐した。L3の一部の人々が、約7万年前にアフリカ大陸を後にした。「出アフリカ」とよばれるイベントである。彼らがヨーロッパやアジアに拡散していき、そこ

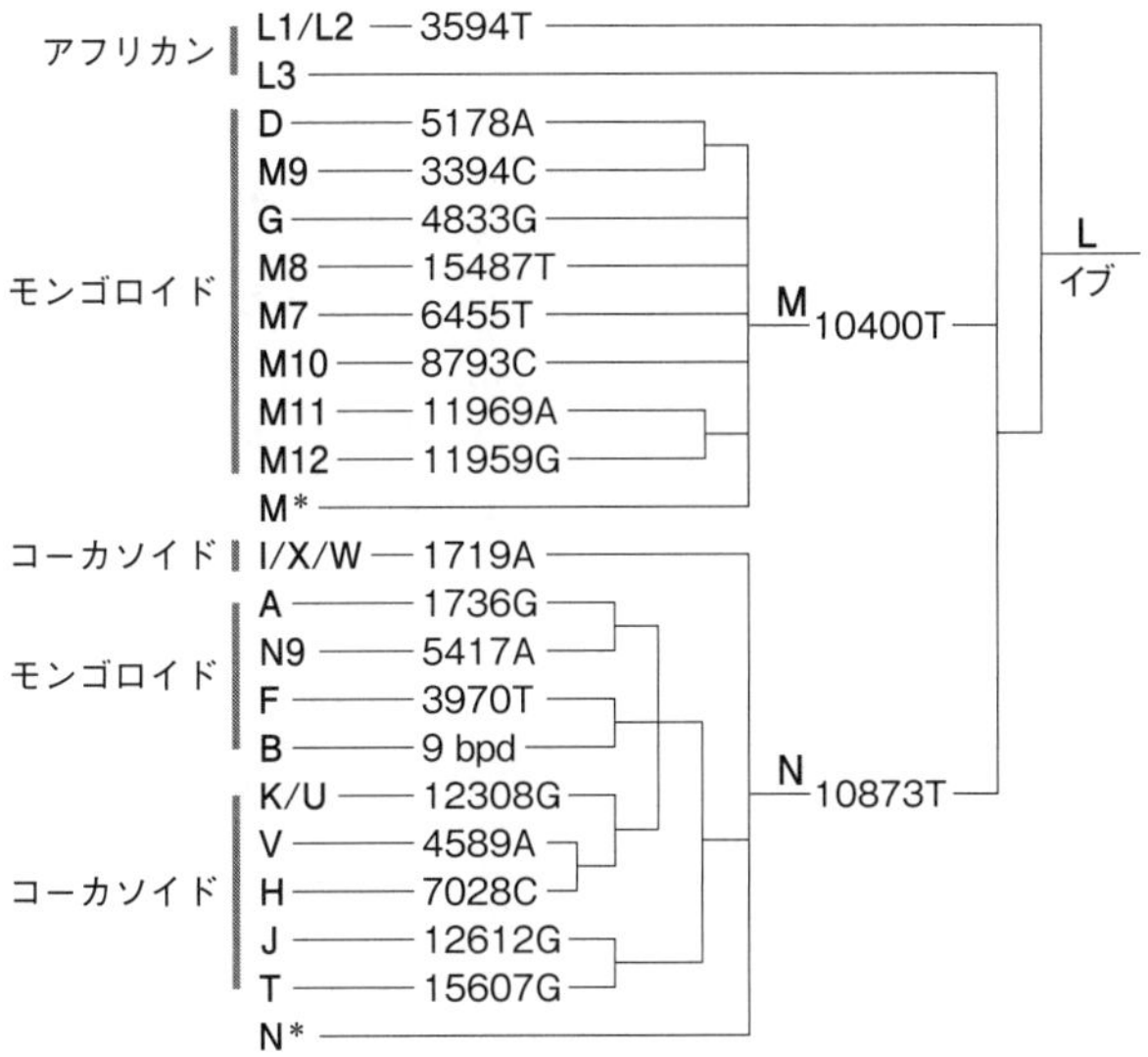

図3-6　ヒトのミトコンドリアDNAのハプログループ（概要図）
すべてのハプログループを示すものではない

でMとNという大きなハプログループ（マクロハプログループ）に分化して、ヨーロッパ人やアジア人の共通の祖先になったとされている。

Nタイプから A、N9などのハプログループが派生し、モンゴロイド（アジア人）となった。Nタイプはまた、I、Xというハプログループにも分かれ、コーカソイド（ヨーロッパ人）となった。その後も、Nの一部からB、Fなどが生まれてアジア人となり、H、J、K、T、U、Vが生まれてヨーロッパ人になった。

このようにNタイプはアジアからヨーロッパにかけて広範に拡散しているのだが、なぜかMタイプは、すべてアジア人で占められている。このように、ヒトの流れや民族の成立を俯瞰《ふかん》して考えるうえで、ハプログループは非常にわかりやすく有益なマーカーとなっている。

ミトコンドリアDNAによるハプログループの判定は、ハプログループに特有なSNPに着目して行われている。しかし、ミトコンドリアの全塩基配列は連鎖しているので、Dループの配列の解析だけでも、所属するハプログループをかなり正確に推定できる。

最近では、全塩基配列のデータから、たとえばBタイプではB4a1aなどのように、さらにグループは細分化されている。最初はアルファベットの大文字で、次に数字、小文字、数字、小文字のように表す。なお、例に挙げたこのタイプは、日本でもわずかに見られるが、東南アジアやパプアニューギニアでよく見られるハプログループの一つだ。

そもそもミトコンドリアは、細胞内でエネルギー源となるＡＴＰを産生するとともに、活動によって生じる活性酸素の除去も行っている。そしてミトコンドリアの能力は、ハプログループによって微妙に異なるのではないかと考えられている。だとすれば、運動能力、頭の回転の速さ、長寿などは、母性遺伝しているという考え方もありうる。

Y染色体のハプログループ

ところで、ハプログループにはミトコンドリアＤＮＡによる分類のほかに、じつはもう一つある。またややこしい話を、と思われるかもしれないが、それほどでもないのでご辛抱いただきたい。

第2章で、戦没者などの父子鑑定をするときには、性染色体のうち父親だけがもち、男の子に受け継がれるＹ染色体に注目するという話をした。Ｙ染色体のＤＮＡは、組み換えが起こることなく全体が、そのまま父から男子へと受け継がれる。そのため、Ｙ染色体の遺伝情報も一つのハプログループとして見ることができる。ミトコンドリアＤＮＡが母系のハプログループなら、こちらは父系のハプログループというわけである。

ミトコンドリアDNAのハプログループが〝先着順〟に命名されたため、少し混乱をきたしていることへの反省から、Y染色体のハプログループの命名では、できるだけ分岐の古い順からアルファベット（A〜T）が割り振られている（図3－7）。

A、B、Eはアフリカンであるが、Eの系統の一部はヨーロッパにも見られる。東アジアにはC、D、Oが多い。なお、D1bは日本人の主要なハプログループであるが、漢民族にはみられず、韓国ではかなり少ない。そこで、日本固有の縄文系マーカーということができる。O1b2は韓国と日本の主要なハプログループであるが、中国にはほとんど見られないので、朝鮮系弥生人のマーカーということができる。アメリカ大陸とシベリアにはQが多い。そのほかの多くのハプログループは、ヨーロッパ系が占めている。ただし、最近、新命名法が登場し、旧命名法との混乱がみられるので注意が必要である。

Y染色体DNAのハプログループの分類も、各ハプログループに特有なSNPの判定によって行われている。また、これもミトコンドリアDNAと同様に、それぞれのハプログループはさらに細分化できる。命名規約はミトコンドリアと同じである。ただし、Y染色体の突然変異率はミトコンドリアDNAの10分の1程度なので、細分化はミトコンドリアDNAのハプログループほどは進んでいない。とはいえ、ミトコンドリアより圧倒的に鎖長が長いので、将来的

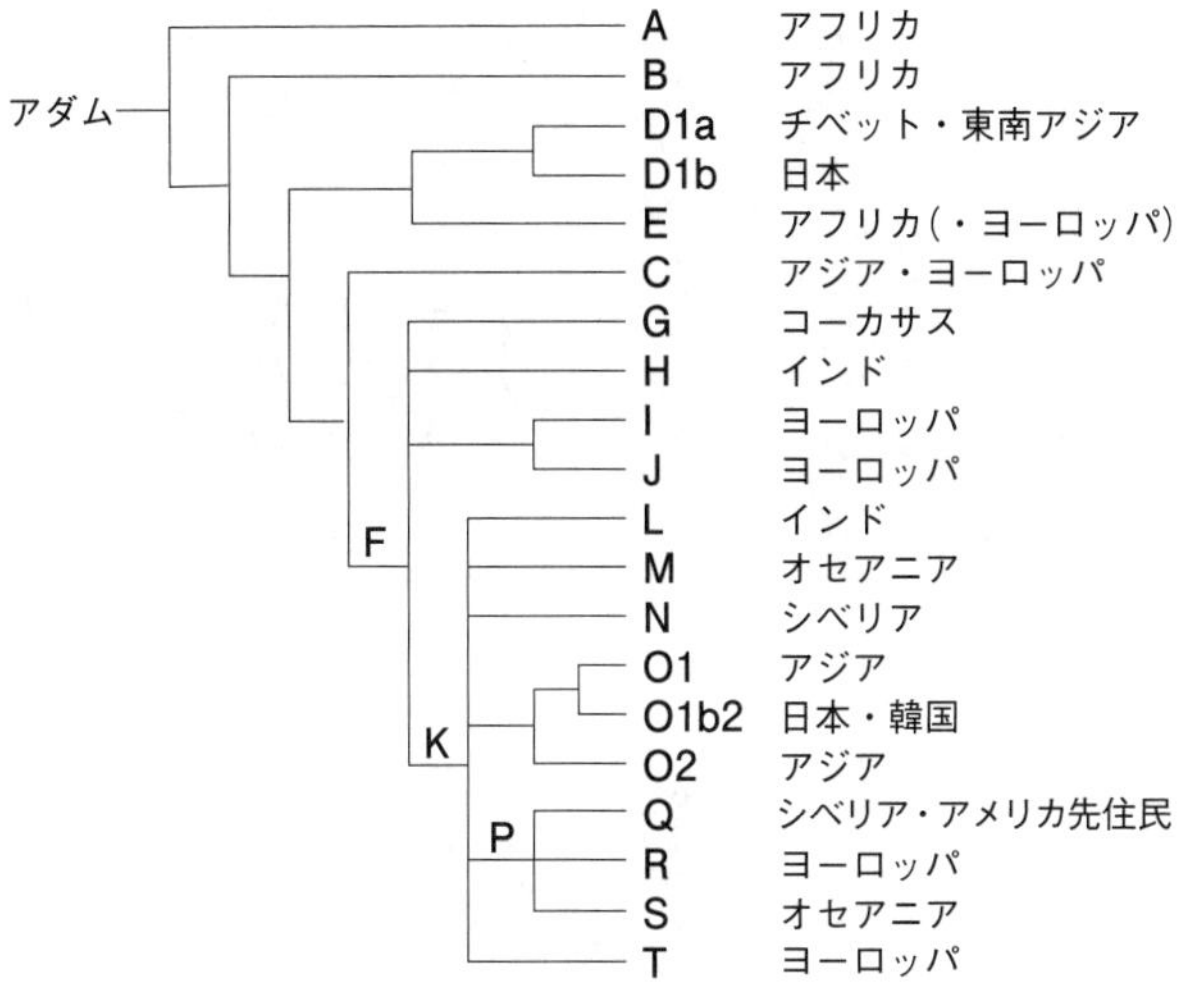

図3－7　ヒトのＹ染色体DNAのハプログループ（概要図）
すべてのハプログループを示すものではない

にはミトコンドリアDNA以上の分類が可能になることも期待できる。

そしてY染色体のハプログループもまた、かなり地域ごとに特徴的な分布を示す。そこで、所属集団の推定時には、大きな役割を果たしている。

ミトコンドリアDNAやY染色体のハプログループは、表記法がわかりやすいことが大きな利点である。そのため前にも述べたように、所属集団を推定してヒトの民族の発生や関連づけなどをたどるうえで非常に威力を発揮している。また、塩基配列やSTRの判定ができないくらい傷んだDNAでも、ハプログループはSNPによる判定なので、何らかの遺伝情報を得られることがある。

気になるのはミトコンドリアDNAのハプログループと、Y染色体のハプログループにはどのような関係があるのかということだが、両者の分布を眺めていると、必ずしも高い相関は認められないことがわかる。ミトコンドリアDNAは母系、Y染色体は父系と、それぞれ独立に遺伝しているので、当然のことなのかもしれない。一般的に、女性は男性に比較して移動の速度は遅いと考えられることとも関係があるのだろうか。

いずれにしても言えることは、両者ともかなり地域に特異的なハプログループがほかのグループから独立して発生し、現在まで維持されてきたということだ。考えてみればこれは、非常に不思議な現象ではないかと私は思う。

種の識別のためのDNA鑑定

ここまでは、ヒトのＤＮＡ鑑定の原理について述べてきた。やや込み入った話も多かったかもしれないが、これくらいのことを何となく頭に入れていただければ、ヒトのＤＮＡ鑑定についての知識としては十分だろう。

そこでこの章の最後は、ヒトではないものにまで範囲を広げた話をしておきたい。

たとえば血痕や体毛しか現場に残っていないとか、骨の一部しか採取できないなど、そもそものサンプルがヒトのものか、何かほかの動物のものなのか、見た目だけでは判断できない場合がある。そうしたときには、まず生物種を確かめねばならない。

ＤＮＡ鑑定が登場する以前は、人血であることを証明する必要があれば、抗体を用いた判別が行われていた。その結果、もしヒトに由来するものではないと判定されたときは、その動物種が何であるかが判明すれば証拠価値はさらに高くなるのだが、正確な種を言い当てることは、抗体を用いる方法ではほぼ不可能であった。以前は、ヒト科のヒトと、オナガザル科のニホンザルの識別すら容易ではなかったのだ。それで、このような検査では「種」の同定までは無理でも、「属」がわかれば十分という意味で「種属識別」という言葉が使われてきた。

ＤＮＡ鑑定が導入されたあとも、「種識別」よりも「種属識別」という従来からの用語は、そのまま使われることが多い。しかし、判定にはヒトと同じＰＣＲ法が導入され、種の特定までが可能になっている。

種の判定には二つの方法がある。一つは、特定の種だけに反応する「種特異的プライマー」を用いて判定する方法。もう一つは、多くの生物のＤＮＡを増幅するプライマーセットの産物の塩基配列を解読して、それをデータベースと比較して種を判定する方法である。

（１）種特異的プライマーを用いる方法

この方法はわかりやすく言えば、たとえばイヌならイヌだけに反応するプライマーを準備しておき、ＰＣＲによってＤＮＡの増幅が見られればイヌに間違いないが、何も増えなければ別の動物種だとわかる、というものだ（図３－８）。もし外部形態や状況などから、動物種のおよその予想がついているならば、ＤＮＡが増えたかどうかを確かめるだけで、塩基配列を解読しなくともよいので、コストもかけずに多数のサンプルの判定を迅速に行うことができる。ただし、予想が外れると、結果はまったく得られない。

（２）塩基配列をデータベースと比較する方法

最初に、そのサンプルが脊椎動物なのか無脊椎動物なのか、などの大きな見通しを立て、その仲間ならどれでもＰＣＲで増幅する「万能プライマーセット」を用いてＰＣＲを行う。そうして得られた塩基配列を、データベースに登録されている膨大な生物種のデータと比較し、ま

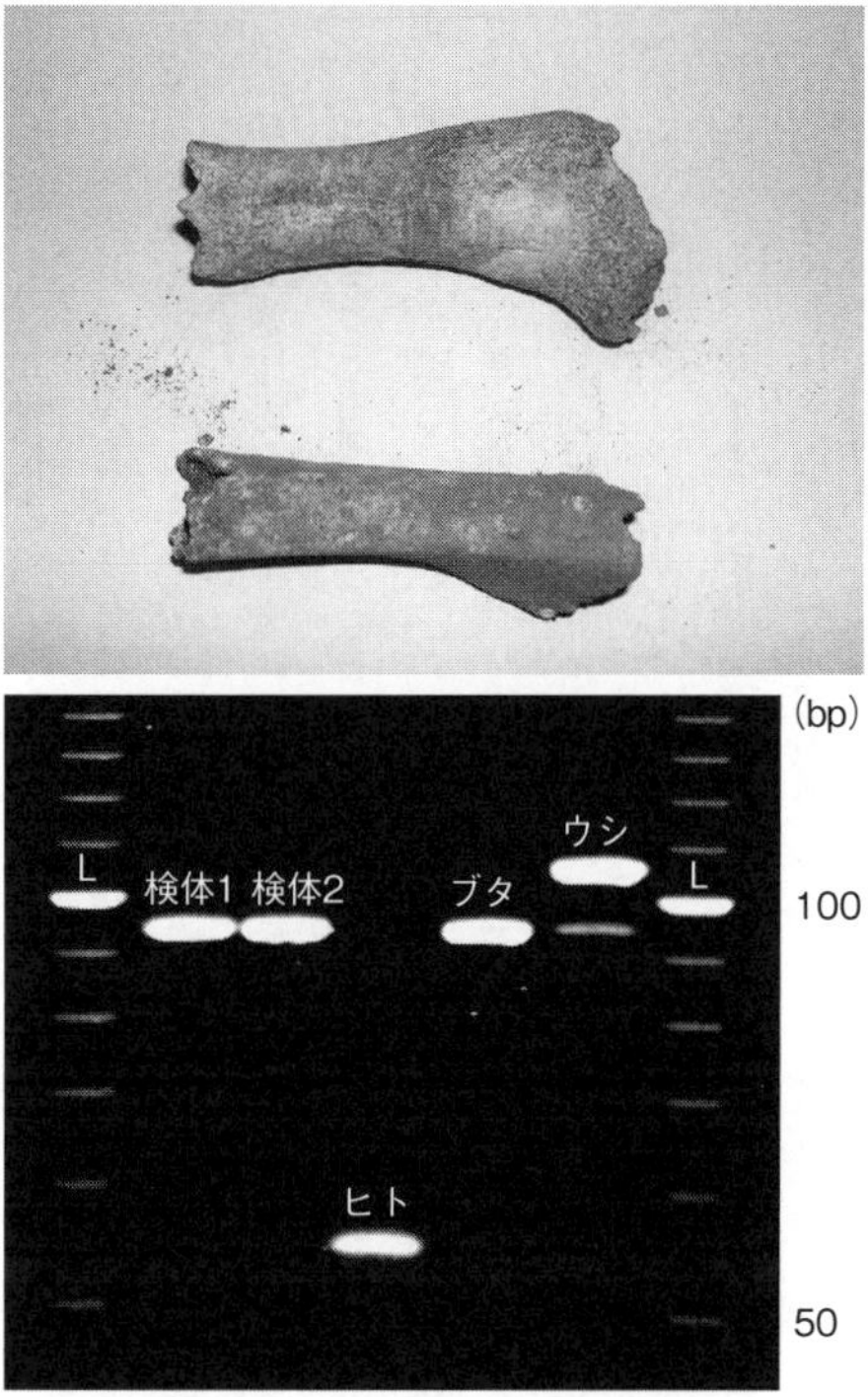

図3－8　人骨かどうかの鑑定例

上：人骨であることが疑われた２本の古い骨
下：種特異的プライマーを用いた結果、検体１、２ともブタと同様のDNAの増幅が見られたので、ブタの骨と判明（Ｌはサイズマーカー）

ったく同じ配列が登録されていれば、種が同定できる。データベースに似た配列がなければ種の同定はできないが、およその仲間かは推定できることが多い。世界には、膨大な生物のＤＮＡの塩基配列やタンパク質のアミノ酸配列などの情報が登録されている巨大なデータベースが三つある。米国のGenBank（NCBI：National Center for Biotechnology Information）、欧州のEMBL（European Molecular Biology Laboratory）、そして日本の国立遺伝学研究所（静岡県三島市）が管理するDDBJ（DNA Data Bank of Japan）である。どこに登録された種も、塩基配列ごとに登録番号が割り当てられ、だれでも自由にデータを見ることができる。

現在では、脊椎動物（哺乳類、鳥類、爬虫類、魚類）に万能なプライマーや、無脊椎動物（昆虫類、甲殻類、多足類など）に万能なプライマーのほか、植物用の万能プライマー、細菌用の万能プライマーまでが開発されていて、目的によって使い分けることができる。動物であればミトコンドリアＤＮＡが、植物であれば葉緑体ＤＮＡが、細菌であればＤＮＡはもっていないので核ゲノムのＲＮＡ「16SrRNA」がよく用いられる。

ただし、色や形などの見た目による客観情報なしに、機械によって得られた配列だけをもとに種を特定するわけであるから、たとえば動物の場合は、ミトコンドリアのなかでも複数の部位で比較するなど、慎重に見極める姿勢が大切である。解読した塩基配列が、データベース上に登録されたものとわずかに異なるときは、別種なのか個体差であるのかの識別は困難なときもあるし、生物種によっては万能プライマーのＰＣＲでも増幅されないこともあるので、マニュアルにとらわれすぎず、臨機応変に実験を進めることが大切である。

さらに、もし分析しようとしている肉片や毛などの中に、別の生物種のＤＮＡが含まれていたら、正確に塩基配列を読むことは難しい。わかりやすい例としては、キツネの糞にネズミの骨が含まれている場合である。このとき、脊椎動物すべてのＤＮＡが増える万能プライマーでＰＣＲを行うと、キツネのＤＮＡもネズミのＤＮＡも増えてしまい、厄介なことになる。

ときどき私のもとには、ネコの血痕などが持ち込まれ、どのようなネコなのか、いなくなったあの飼い猫ではないか、などと同定を依頼されることがある。ところが解析を進めるうち、ネコのミトコンドリアＤＮＡの塩基配列には、同じ種であっても、別種としてもよいくらい塩基配列が異なる個体がいることに気づいた。このことは、ネコというペットが誕生するまでの歴史において、かなり系統の異なる野生種の交配があったことを示しているのかもしれない。

生物種の鑑定作業では、このように生物の歴史が垣間見える場面もあるのだ。結果に意外性がある鑑定は、私にとってとても楽しい。

第4章 世にDNA鑑定の種は尽くまじ

少し理屈っぽい話が続いたので、読者もそろそろくたびれてきた頃合いかと思う。DNA鑑定を一つの山にたとえれば、まっしぐらに頂上をめざすのもいいが、ときには裾野を見下ろしたり、あえて後戻りしてうろついてみたりするのも一興だ。むしろ、そんな山登りのほうが、私の性には合っている。

DNA鑑定の裾野は、おそらくみなさんの想像以上に広い。思いもよらないあんなことや、こんなことまでが、鑑定によってわかってしまうのである。この章では、私自身が鑑定に関わった難事件・珍事件や、傍らにいて見聞きしたことを紹介したり、巷《ちまた》のさまざまな出来事に鑑定屋として突っ込みを入れたりしながら、DNA鑑定の裾野を歩いてみたい。

詐欺師の〝小道具〟

医者や弁護士は数が増えすぎて、だぶつき気味といわれているが、DNAの鑑定人というのはまだそうはいないので、私のところにも伝手《つて》をたどってさまざまな方面から鑑定の依頼が舞い込んでくる。もとより嫌いではないので、都合がつけばボランティアで請け負っている。

世の中には頭のよい人がいるものだと感心させられた、こんな事件があった。

某月某日、とある警察本部から、「詐欺の可能性がある事案」だからと、ある〝小道具〟の鑑定を依頼された。疑いをかけられているその男は、郊外で一人暮らしをしている老人宅を訪ねては、無料点検と称して家の床下にもぐりこみ、「ネズミの赤ちゃんの死骸が見つかったので早急に工事が必要だ」と説いていたのだという。ご高齢の世代には、ネズミが電線をかじったために火災が発生した、と昔はよく報道されていたのを、しっかりと記憶している人が多い。それゆえか、男にネズミの死体を見せられて工事を即決し、工事費を現金払いしてしまったご老人は驚くほど多かったという。

私が鑑定を依頼された〝小道具〟とは、「床下から見つかった」と言って男が見せていたというネズミの死骸だった。黒く変色していて、外見からは、尻尾は長いのだが、ネズミらしき何かとしか判別できない。これは本当にネズミなのか、だとしたらどのような種なのかを判定してほしいというのだ。さっそく、鑑定にとりかかった。

尻尾からDNAを抽出し、前の章で述べたミトコンドリアDNAの脊椎動物万能プライマーを用いて、DNAを増幅する。そうして得られた塩基配列を、DNAデータベースに登録されている塩基配列と比較する。その結果、この黒っぽい動物はハツカネズミ（マウス）であることが判明した。

ハツカネズミは現在では実験動物として多くの系統が飼育されているが、古く江戸時代には愛玩動物として、白黒の斑紋をもつ系統などが選抜されており、葛飾北斎の絵にも登場する。

野生生物としてのハツカネズミは、ユーラシア大陸に広く分布している。日本では住宅の周辺に多いが野外でも見られ、大きく二つの亜種（種の下位区分）に分けられる。西日本と北日本には、東南アジアに生息する亜種カスタネウスが多く生息し、日本の中央部には、南西アジア原産の亜種ムスクルスが生息している。日本で二つの亜種がこのように奇妙な分布様式になったのは、もともと亜種カスタネウスが生息していた日本列島に、弥生人がコメとともに亜種ムスクルスを大陸から持ち込んだためではないかと推測されている。東北地方では、二つの亜種が場所によって棲み分けている。

腐敗しかかっていたハツカネズミは、これら二つの亜種のどちらかであろうと予想し、亜種まで区別できる部位を探して、再びＤＮＡ鑑定を行った。すると、そのどちらでもなく、地中海地方由来の亜種ドメスティクスであることが判明した。この亜種は実験用のマウスとして、日本でも研究施設で広く飼育されているものだ。つまり、日本国内で野生化しているハツカネズミではないことが判明したわけである。

さらに傍証を得るため、体毛の色についてもＤＮＡで調べてみた。野生化したハツカネズミの毛は「ねずみ色」だが、実験用のマウスの多くは白毛である。そこで、色素となるメラニンをつくる酵素（チロシナーゼ）のＤＮＡの塩基配列を調べたところ、このハツカネズミは白毛であることがわかった。

こうして、このネズミは室内で実験に用いられているハツカネズミであることが確実となった。ということは、「床下にいた（自然繁殖していた）」と男が老人たちに語っていたのは、虚偽であったことが明らかになったわけである。

大型の爬虫類やフクロウなどを飼育している人ならすぐに思い当たるだろうが、これらの餌として、赤ちゃんマウスの冷凍品が「ピンクマウス」という名前で販売されている。大きなホームセンターなどにもあるので、手に入りやすい。男はこれを〝小道具〟とすることを思いつき、老人相手に詐欺をはたらいたのだろう。

以上のような次第で、この難事件はＤＮＡ鑑定によって無事に解決した。ハツカネズミを使う手口は、新手の詐欺の方法として犯罪史に残ることになった。犯人はかなりの策士であったことは間違いないが、あえて反省点を見いだすならば、ハツカネズミの生態について知識不足だったことだろう。ネズミは巣を作って子育てをするので、仮に野生のハツカネズミを飼育して用いていたならば、最初から警察も疑わなかったかもしれない。いずれにしても、マニアックなＤＮＡ鑑定人に検体が渡ってしまったことが、いちばんの不運であった。

世にも上品なイチゴの食べ方

某月某日、科捜研から私のところへ、「イチゴの窃盗犯をDNA鑑定でつきとめられないか」との相談が持ち込まれた。その少し前に、ある家庭菜園の持ち主から交番に「毎朝、イチゴの完熟した果実のみが盗難に遭っている」との被害が届けられていた。たかがイチゴといえども、届けられた以上は原因がわかるまで対処しなければならないが、どうにも奇妙な事案なので警察や科捜研も戸惑っていたようである。

イチゴの実が指などで切り取られていたのであれば、犯人のDNAが残されている可能性は低いと考えざるをえない。しかし、もし直接、口をつけて食べられていたならば、イチゴに残された傷の表面に犯人の細胞や唾液が残され、DNA鑑定で個人識別までやれる可能性がある。では、実際にイチゴに残されていた痕跡といえば——いずれも、なんと赤い果肉の部分のみが食べられていて、内側の白い部分（一般に「芯」とよばれている部分）は、そのまま残っていたのである。このような〝上品〟な食べ方をする人には誰もお目にかかったことがなく、首をかしげながら私のところへ相談にきたというわけだ。

持ち込まれたイチゴを見て、すぐに動物の仕業を疑った。ただし、くちばしでつついて表面を削ることは難しいので、鳥ではないだろう。

食べ跡の表面を濡れた脱脂綿で拭って、そこからDNAを回収した。次に、脊椎動物万能プライマーを用いて、ミトコンドリアDNAの特定部位をPCRで増幅し、塩基配列を決定した。これをDNAデータベースに登録されている膨大な生物の塩基配列と比較したところ、思いもしなかった動物と、ぴたりと一致した。夜ごとに菜園に忍び込み、完熟イチゴに舌鼓を打っていた〝犯人〟は、ハクビシンだったのだ。

その名を漢字では「白鼻心」と書くように、ハクビシンは額から鼻にかけて白い線があるのが特徴の、ジャコウネコ科の哺乳類である。中国や東南アジアなどに多く生息していて、日本にいるのはそれらが帰化したものと考えられているが、現在は国内の各地で生息数が増加しており、山形県も例外ではない。

秋の夜に、月明かりに照らされた柿の梢でハクビシンを見かけたことがある。目を輝かせながら枝上を身軽に移動してゆく姿には、不思議な美しさがあった。しかし、ハクビシンはSARSによく似たウイルスを運んだことでも注目されたほか、果物を荒らす被害のみならず、古い家屋では天井裏に住みつくこともあるため、アライグマと並ぶ「嫌われ者」の代表となっている。ただし夜行性なので、多くの人にとっては自動車に轢かれた死体を路傍で目にするぐらいしか遭遇の機会はないだろう。

ハクビシンがいわゆる〝害獣〟であることは知っていたが、むしろそれだけに、イチゴの芯を残して食べるという、人間よりも繊細な一面をもつ〝犯人〟がハクビシンであることが意外だった。この動物の思わぬ生態が、DNA鑑定によって明らかになったわけだ。

では、ハクビシンはなぜ〝芯〟を残すのだろうか。イチゴの〝芯〟には動物にとって有害な成分が含まれているのだろうか。いや、おそらくは彼らの味覚の鋭敏さによるものだろう。イチゴの糖度は先端にいくほど高くなる。すなわち甘くなる。だから先端のほうから、美味しい部分だけを器用に食べていき、不味《まず》い〝芯〟はそのまま残すのが「果物通」としてのハクビシン流の食べ方なのだろう。メロンならともかく、イチゴのように一口で食べられてしまうものを表面の甘いところだけ食べるという発想は、人間にはなかなか出てこない。

メロンといえば、別のあるときには、海岸近くの砂丘に続くメロン畑で、多数のメロンが鳥につつかれるという〝事件〟も発生した。DNA鑑定で〝犯人〟がわからないかと相談を受け、やはりイチゴと同じやり方で、ハシブトガラスの仕業であることをつきとめた。ところが〝犯人〟がわかっても、新たな謎が残った。被害にあったメロンの多くは、未熟なものだったのだ。普通に考えれば、完熟した甘いほうを好みそうなものだし、ハシブトガラスが糖尿病を恐れるわけでもあるまいが、ハクビシンと違ってカラスは甘い果実が嫌いなのだろうか。そう考えてみると、スイカでも鳥の被害に遭うのはやや未熟なものが多いことに気づく。

しかし他方では、私が菜園に植えているイチジクの場合は逆に、完熟果実のみが鳥の被害を受けているのだ。こちらは、未熟なイチジクがもつタンパク質分解酵素を含む乳液を、鳥が嫌うためであろうか。

ＤＮＡ鑑定はこのように、生物が残した痕跡から種をつきとめる段階までは有効だが、その先には、付随して多くの謎が出てくることが多い。これらについては地道な観察を重ねて答えを見つけていくほかはなく、またそうすることで、動物についての新たな知見が積み重なっていくのだ。

「骨」から出た真実

某月某日、最上川《もがみがわ》の下流の中州から、人骨に似た一本の大腿骨が、散策中の人によって発見された（図４‐１）。われわれの法医学教室には得体の知れない骨が持ち込まれることもときどきあるが、人骨と証明されたら「殺人事件」につながるので、一大事となる。このときの骨も、発見者が人骨ではないかと警察に届けたことで、私のところにやってきた。

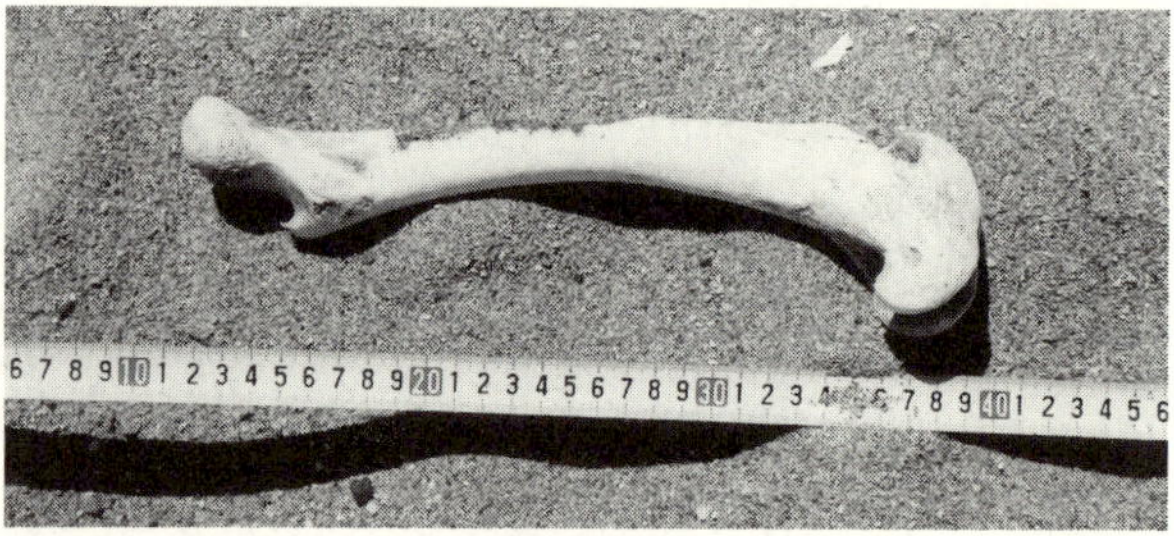

図4－1　最上川で発見された謎の大腿骨

さっそく、いつもの手順でDNAを抽出し、脊椎動物万能プライマーを用いてPCRを行い、塩基配列を調べた。その結果、この骨は人間のものではなく、ニホンジカのものであることが判明した。

山形県では、縄文時代の遺跡からシカの角がよく見つかるので、過去にはシカが分布していたようだが、大正期に絶滅したとされていた。近年になって再び確認例が増えてきたが、この骨が見つかった当時は、県境を越えてきたシカが稀に見つかる程度だった。そこで、どこから来たシカなのかをつきとめるため、DNAの解析部位を増やしてくわしく調べてみた。すると、北海道に分布する亜種であるエゾシカのものであることが判明した。エゾシカは大型で見栄えがよいので、本州の動物園でもよく飼育されている。

さらに細かく調べた結果、このミトコンドリアDNAのタイプのエゾシカは、北海道の阿寒町周辺（釧路市）に多いことも

図4－2　柿の木の根元から出てきた恐竜のような骨

わかった。阿寒町といえば近年、地元で獲れるエゾシカを「阿寒ブランド」としてPRすることに熱心に取り組んでいる町だ。

こうした状況から、おそらくこの骨は、河原にバーベキューをしに来たある一行が、阿寒町の業者から購入した骨付きのエゾシカ肉を食べたあと、残った骨を近くに捨てたものである可能性が高いということがわかったのである。

骨にまつわる事例をもう一つ紹介しよう。

某月某日、「奇妙な骨が大量に出たので鑑定してほしい」と警察から依頼を受けた。ある土地を購入した人が、植えられていた柿の根元付近を掘ってみたところ、まるで恐竜のような骨がザクザク出てきたので、びっくりして交番に届けたのだという（図４－２）。

さっそく骨からDNAを抽出し、塩基配列を調べたところ、それらの骨はマカジキのものであることがわかった。骨を並べてみると１m近くあり、頭部がないので全長２m程度の大物の、下半身の骨であろうと推定できた。

日本海に生息するカジキはおもにバショウカジキであり、マカジキはほぼ間違いなく太平洋産である。そして太平洋側の宮城沖や福島沖は、マカジキの好漁場である。想像するに、土地の以前の持ち主が仲間とマカジキ釣りに行き、首尾よく釣れた獲物の下半身を、分け前としてもらったのだろうか。何にしても、食べたあとで残った骨を、柿の根元に埋めたものだろう。魚の骨は樹木の生育を助けるリン酸肥料として、土中に埋められることがある。

このように、骨からもＤＮＡ鑑定によってさまざまな情報が引き出せるようになった。これらのようなケースなら、真実がわかれば笑い話にもなるが、ひとつ間違えば、犯罪がらみのあらぬ疑惑を生む怖さが骨にはある。捨てるほうも調べるほうも、骨の扱いには慎重さが求められるのだ。

世界初の人体実験

骨の次は、かなり尾籠《びろう》な話になることをお許しいただきたい。

司法解剖では、胃腸の中の食物の量や消化状態を見れば、最後の食事から死亡までにどれだけ時間がたっているかを推定できる。とくに胃の内容物は形態が残っていることが多いので、肉眼的にいろいろな食材の特定もできる。しかし、高度に消化された大便になると、固形物は少なく、形態からの情報は得がたい。

私が最初に、食べたもののDNAがウンコにどれくらい残っているかに興味をもったのは、1990年代の終わりのことである。口から体内に入った食物のDNAは、胃酸や膵臓から分泌されるDNA分解酵素や腸内微生物などで分解されるというが、少なからぬDNAは分解を免れ、ウンコからもある程度は検出できるのではないか、と考えたのだ。

そこで、試しに当時の愛犬だったコーギーで実験してみることにした。コメ、ソバ、マグロ、ヒツジ（マトン）といったヒトの食べ物を食べさせて、そのあとにした糞のDNAを調べようと考えたのだ。ただし、イヌにこのようなものを与えてもちゃんと食べてはくれないから、ドッグフードの缶詰やドライフードに混ぜ合わせた。これらの食材は高温で加熱処理されているから、材料（牛肉や鶏肉など）に含まれるDNAは検出されず、実験的に混ぜた食べ物のDNAだけが検出されるだろうという読みだった。

与えた食材のDNAだけをPCRで増幅できるような種特異的プライマーを設計して、コーギーの糞から採取したDNAを調べた結果はと言えば、ドッグフードの原料に用いられたウシやニワトリなどのDNAが、ぞろぞろ検出された。肝心の調べたかった食材のDNAは、それらに汚染されてしまってどれがどれだか区別もつかない。つまりイヌの消化管は、いつ食べた

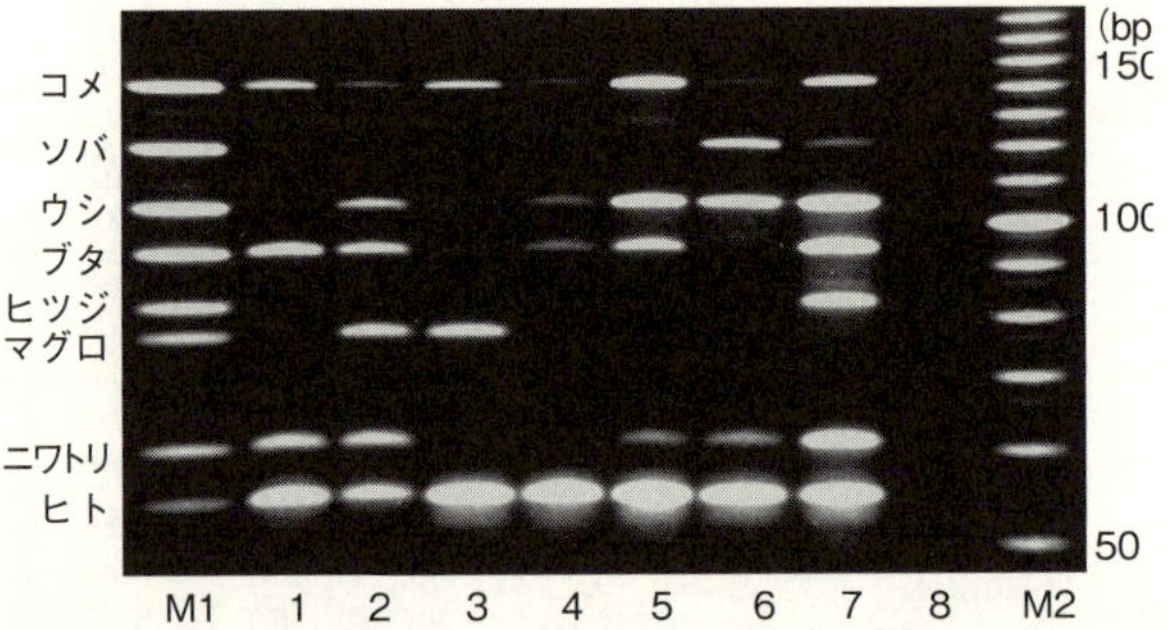

図4－3　ウンコの電気泳動パターン
横軸の１から７は１日目から７日目までを表す。縦軸のbpは塩基数（８はサンプルなし、M1、M2は目盛りとなるマーカー）

ものとも知れない、日頃の食事に由来するＤＮＡだらけになっているようなのだ。それでは実験にならない。当初の私の目論見は、みごとにはずれてしまった。

やはり、こんな迂遠《うえん》な方法では真実にはたどりつけないようだ。私はイヌによる代理実験をあきらめ、自身で実験する覚悟を決めた。

図４－３が、私が通常の食事（コメ、ウシ、ブタ、ニワトリ）に加え、実験的にソバ、ヒツジ、マグロを１週間食べつづけたときの排泄物から採りだしたＤＮＡの電気泳動パターンである。これらの食材のＤＮＡは、食べた翌日（１日目）のウンコからはっきりと検出された。おそらくこれは、世界で初めてヒトのウンコから複数の食材のＤＮＡが同時に検出された例であろう。

なおこのときの〝副産物〟として、腸から剝がれ落ちたヒト細胞由来のＤＮＡも、私のウンコに多量に含まれていた。このことから、ウンコの「落とし主」のＳＴＲ型（繰り返し数の変異による多型）による個人識別も、容易に可能であることがわかった。科捜研から聞いた話では、犯罪者は犯行後、現場にウンコを残して立ち去ることが少なからずあるという。いずれはウンコのＤＮＡ情報が犯罪者ＤＮＡデータベース上に登録され、永久に保存される日がくるかもしれない。

これに味を占め、とぐろを巻いているウンコの先端部分から、順次ＤＮＡを回収すれば、一日分の三度の食事内容がわかるのではないかと考えた。その予備実験として、３体のご遺体の司法解剖時に、サンプルを胃腸の部位別に採取させていただき、私のウンコのときと同様に種特異的プライマーを用いてＤＮＡ鑑定を試みた。その結果を図４－４に示す。正確に三度の食事を復元するにはプライマーが検出できる食材の数は大幅に不足しているが、それでもわかることがあった。

事例１では、死の一日前にソバを食べたことがわかる。事例２では、ダイズのみが検出された。もしかしたら体調不良で、大好きなエダマメ（鶴岡市では「だだちゃ豆」が有名だ）しか喉を通らなかったのであろうか。事例３では、死の少し前に鮭おにぎりとおぼしきものを食べ

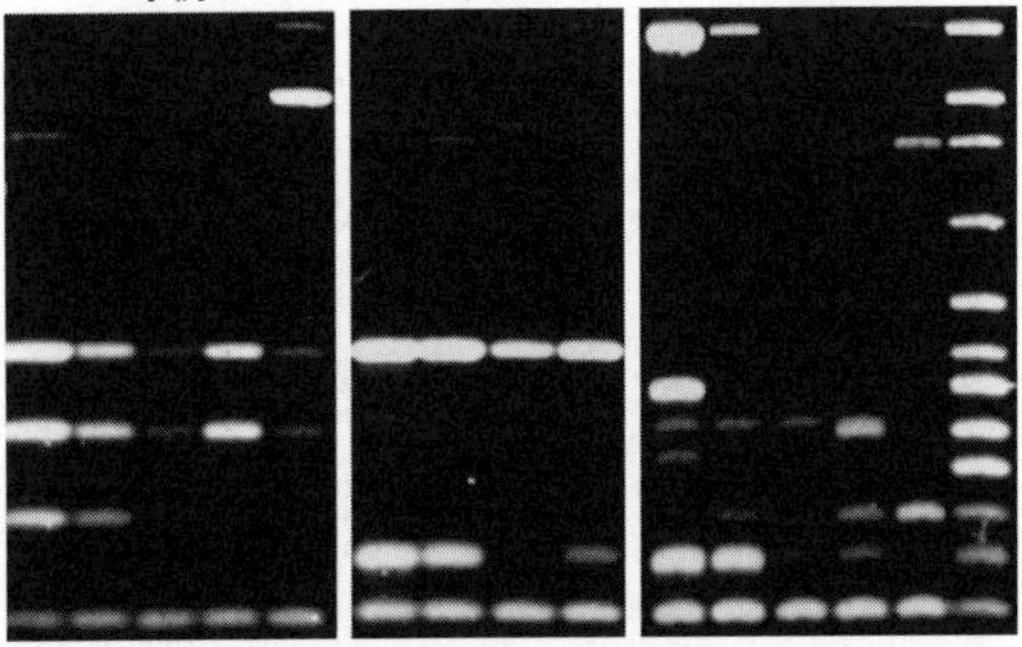

図4－4　各種消化管内容物の電気泳動パターン
1：胃、2：十二指腸、3：空腸、4：回腸、5：S状結腸（Lはマーカー）

ていることから、交通事故か何かによる急死であった可能性がある。

このように、たかがウンコといえどもDNA鑑定を行えば、犯罪捜査の重要な参考データとなりうる可能性が示された。なお、縄文遺跡などからは、排泄物の化石である「糞石《ふんせき》」が少なからず出土している。ここから食べ物の種類はDNAで特定されることもあるだろうが、それがヒト由来であることが証明できる日は来るだろうか。

犯罪捜査に有用な昆虫とは

もういいとお叱りを受けそうだが、ウンコつながりで思い出した話をもう一つ。

オオセンチコガネという、動物の糞に集まる美しいコガネムシがいる（図4－5）。全国的に見られるのは赤紫色に輝く個体だが、なぜか紀伊半島では瑠璃色になり、琵琶湖周辺や北海道では緑色になる。このように、地域によって誰の目にもわかるほど色彩が顕著に変わる昆虫は珍しく、そのため推理小説のモチーフになったこともあった。木曾路で発見された他殺体の付近から、京都牛尾山周辺にしかいないはずのミドリセンチコガネが見つかり、これに目をつけた昆虫にくわしい駐在官が殺人事件を解決するという筋書きだ（平野肇『昆虫巡査』小学館）。

図4－5　オオセンチコガネ（撮影／永幡嘉之）

実際に、犯罪捜査において虫の有用性は認知されていて、「法医昆虫学」という学問分野も確立され、とくに欧米では発展している。ただし、そこでの主役は美しいコガネムシではなく、ハエの幼虫（ウジ）であり、おもな目的は死後経過時間の推定である。

死後間もなければ、死後経過時間は直腸内温度、死後硬直の度合い、胃内容物の消化程度などから推定できる。しかし、一定以上の時間が経過すると、判断できる材料は大きく失われてしまい、遺体の腐敗具合などを参考にせざるをえない。そこで、死体にとりついているウジを使うのである。

ウジは釣りの餌や、化膿した外傷部の壊死《えし》した組織だけを食べさせる医療用などにも利用されている。にもかかわらず近年では、ハエを意味もなく毛嫌いする人が多くなった。かつてはハエのいる生活を楽しむ小林一茶の「やれ打つな蠅が手を摺り足をする」や、胡蝶の夢の故事を踏まえた横井也有の「蠅が来て蝶にはさせぬ昼寝哉」などの名句が生まれたが、もうそんな時代ではなくなってしまった。

閑話休題。ヒトを含めた動物の死体は、屋内や屋外に放置されると、ハエのウジによって食べられることが多い。ハエは種類によって、集まる死体の古さ（死後の経過日数）と、幼虫の成長速度が、ある程度決まっている。したがって、死体を見てハエの卵やウジの大きさ、蛹《さなぎ》の有無などを詳細に調べ、ハエの種を明らかにするとともに、気温による影響も勘案することで、死後経過時間をかなり絞り込むことができる。

そうは言っても、死体にうごめく無数のウジはどれも白いだけで特徴に乏しく、外見だけではハエの種類はわかりにくい。そこで登場するのがＤＮＡ鑑定だ。

ハエのＤＮＡだけが増える種特異的プライマーを用いてＰＣＲを行い、塩基配列を明らかにすれば、ウジからでも種が同定できる。そしてハエの種が明らかになれば、そのハエが死後何日ぐらいの死体に産卵する習性をもつのかを調べ、環境温度から幼虫の発育に要する日数を明らかにすることで、死後経過時間が推定できる。

たとえば、一般的なハエの中でも腐敗した動物の死体を好むニクバエ類は卵胎生で、卵ではなく幼虫を産むため、死亡当日の死体にもウジが見られる。一方で、日本の人家で最もよく見られ、ヒトの排泄物や腐った食物を好むイエバエの仲間には、約1日の卵期がある。こうした種による違いが、死後経過時間推定の重要な手がかりとなるのだ。

地球最大の生物は何か

犯罪にからんだ場面のほかにも、ＤＮＡ鑑定の出番はたくさんある。

たとえばみなさんは、地球で最も大きな生物といえば何だと思われるだろうか。それは体長30m以上になるシロナガスクジラではなく、樹高１００mを超えるジャイアントセコイアでもなく、どこかで生き残っていた恐竜やマンモスでもなく、キノコ類であることが、２０１３年にＤＮＡ鑑定によって確かめられた。

米国オレゴン州の国有林で、オニナラタケというキノコ（図４－６）の菌糸のＤＮＡが調べられた。見渡すかぎりに広がる森林のあちこちで菌糸を採取したにもかかわらず、なんと、場所による違いがまったく見られなかった。つまり、それらの菌糸はすべて「一個体」であることが証明されたのだ。オニナラタケが覆っていた地表の面積は、約8・9㎢。広さの比較でよく使われる東京ドーム190個分である。一個体の重量は、600tにもおよぶと推定されている。

キノコといえば傘を開いた姿が一般的に思い浮かぶが、それは「子実体《しじったい》」と呼ばれるもので、植物にたとえれば花や実に相当する器官であり、ごくわずかな期間だけ姿を現すにすぎない。キノコの本体は、落ち葉の下や朽木のなかにびっしりと張りめぐらされた菌糸であり、われわれの目にはとまりにくいが、一年中存在している。たしかに森林の落ち葉の下には、ナラタケ類の驚くほど太い菌糸の束（菌糸束《そく》）が、まるで木の根のように網の目状に広がっている。

ただし、キノコは胞子で増えてゆくが、発芽した多くの胞子の菌糸体が融合して一個体となるので、植物の種子とは違って1粒の胞子から成長したものが見渡すかぎりの森に広がったというわけではない。植物の種子や動物の受精卵であれば一個体の確認は容易であるが、胞子で増えるキノコ類の場合は、どこまでが一個体かという識別は難しく、事実上は不可能かもしれない。とはいえ、オレゴン州のオニナラタケは結果的に菌糸が一つにつながった状態で大面積に広がっているので、生命体として超巨大であることに変わりはない。これなどはＤＮＡ鑑定によって、生物についての人類の知見がまた一つ加えられた例といえるだろう。

図4－6　オニナラタケ

ところで、このオニナラタケなどのナラタケ類の菌糸は「ラン菌」ともよばれ、ラン科のツチアケビ、シヨウキラン、オニノヤガラなどにとって不可欠の存在である。これらの植物は芽生えた直後は効率よく栄養分を吸収できないため、ラン菌の助けを借りて栄養を摂っているのだ。しかも、成長すれば通常はみずから光合成して栄養をつくりだすのだが、なかには葉や根を捨て、栄養をラン菌に１００パーセント依存するちゃっかり者もいる。これらは葉緑体をもたない寄生植物として知られており、体色も黄色や褐色で、葉や根は退化している。では、葉緑体ＤＮＡはまったくないのかと思い調べてみると、意外にも検出できた。なんらかのしくみで、葉緑体があまり働いていないだけのようである。昼なお暗い森林の、光合成も十分にできない環境に進出したこれらの植物には、栄養生産において最も大切なはずの葉緑素も不要なのだろう。こうした寄生性のラン類は、宿主である菌糸と一蓮托生で、ラン菌が死滅すればこれらの植物も消失する運命にある。

マメ科の植物が根粒細菌と共生関係を結び、効率よく栄養を生産していることはよく知られているが、ほかの植物にも、まだ十分に解明されていない共生関係はたくさんあることだろう。庭や森林を眺めるときは、木ばかりではなく、樹木を支えている菌類にも思いをめぐらせていただきたい。枯木はまず菌によって分解され、さらにクワガタムシ類などの幼虫が菌糸の張りめぐらされた朽木を食べて育つ。幼虫の胃に菌糸が入ることでセルロースは分解され、栄養分として利用できる状態になるのだ。一度、クワガタムシの幼虫のDNAを分析したとき、菌糸のDNAが検出されてびっくりしたことがあった。おそらく幼虫の胃腸を傷つけてしまい、消化管内にあった菌糸のDNAを分析してしまったのだろう。

菌は「森の番人」ともいわれる。動植物を育て、寿命が来たら分解して土に還し、結果的に次世代の森林づくりに貢献している菌と生きものたちの人間の目に見えない連関は、DNA鑑定によって初めて浮かび上がることも多い。この歯車の大切さを知らずに目先の利のために農薬をまいていると、生態系の豊かさが失われてしまうことになりかねない。

「お宝」はDNA鑑定できるか

あなたの「お宝」を鑑定します、というふれこみの人気テレビ番組の影響もあってか、自分の家の蔵に眠っている書画骨董の値打ちを知りたい人が増えているようだ。しかし、番組を観ていてもわかるように、この手のものには贋作《がんさく》がつきものである。

ゴッホは生前に一枚の絵しか売れなかったともいわれる。画家とは洋の東西を問わず、極貧と相場が決まっている。それゆえに、生活に困った売れない絵描きの手になる「有名画家の作品」が横行することになる。では、その見極めに、DNA鑑定は使えるだろうか。

日本における贋作の比率が最も高い画家の一人に、江戸時代の渡辺崋山《わたなべかざん》がいる。幕末に開国を唱えて非業の死を遂げ、明治維新の功労者の一人にも数えられた崋山の絵は明治初期にとくに人気が高く、おびただしい数の贋作がつくられた。崋山には中国の絵の模写が多いことや、画風が比較的素直で真似しやすかったことも手伝っていたと思われる。とはいえ、まだ写真というものがなかった当時、模写も実物を見ずに描かれたものが多かったと考えられ、絵師の力量が画面に反映されやすいために、真贋の判定はさほど難しくないことが多いという。

図4－7　渡辺崋山「馬会之図」の贋作（一部）
ネズミ（右上）や馬（右下）が大きく誇張されて描かれている

たとえばこの絵（図4－7）も贋作の一つだが、ネズミや馬を誇張してかなり大きく描いている。名も知れぬこの絵師は、崋山より絵がうまいとの自負から、遊び心を織り込んでひそかに自己主張しているのだろうか。自身の署名ができない悔しさが、にじみ出ているようにも思える。崋山にかぎらず、きっと本物を越える画力で描かれた偽物は少なくないはずで、多くの有名画家の「真贋競作展」が美術館で催されたら、さぞ面白いだろうと思う。

それはともかく現在、絵画の鑑定にはさまざまな最新技術が導入されている。それによって尾形光琳や伊藤若冲などの作品でも新知見が次々と明らかになっているが、

ＤＮＡ鑑定はまだ絵の分析にはあまり使われていない。日本画の場合、和紙のＤＮＡ鑑定はどうしても絵の破壊をともなうためだが、将来的には重要な検査手法の一つになる可能性を秘めている。

たとえば、和紙は植物の樹皮からつくられているため、そもそもＤＮＡが豊富に含まれていると考えられる。そのため、ＤＮＡ鑑定により原料植物の種類を知ることが可能である。さらに、原料の産地や、年代の推定、「つなぎ」として用いた生物種の識別なども、場合によっては可能になるかもしれない。これらがわかれば、その絵がいつ、どこで、どのような状況下で描かれたかが、かなり明らかになるはずだ。

対照的に西洋画の場合は、もともとＤＮＡ含有量の少ない木材（木質部）からつくられた西洋紙に描かれ、製造過程で酸や化学薬剤を用いていることからも、鑑定に耐えるＤＮＡが回収できる可能性は小さいと思われる。

ほかに鑑定が可能な画材としては、膠《にかわ》（ゼラチン、コラーゲン）にもＤＮＡが含まれている。そのＤＮＡ鑑定ができれば、採取した動物種や、産地の特定につながる貴重な情報が得られる可能性がある。ただし、過去に絵に触った人のＤＮＡも同時に検出される可能性が高いので、実際に鑑定する際には苦戦は免れないだろう。

和紙の話が出たついでに言うと、ある戦国武将の血液型が何型であったかを鑑定してもらえないかと、さる博物館から打診を受けたことがある。その武将の血判状が残っているので、DNA鑑定によってABO式血液型などをつきとめてほしいというのである。

昨今では、遺骨や遺髪や血判状などから鑑定したとして、歴史上の人物の血液型についての情報がインターネットなどをにぎわせている。織田信長はA型、豊臣秀吉はO型、上杉謙信はAB型などといわれ、もちろん真偽は定かではないが、もしも本人の血液をとどめる血判状が存在しているならば、確実な鑑定は可能だろう。

もっともDNA鑑定が導入される以前も、微量の血痕が付着した和紙の繊維が一本あれば、抗体を用いて、比較的容易にABO式血液型が正確に判定できた。現在はDNAからさらにくわしい判定が可能になっているが、検出感度は両者間に大差はないかもしれない。

ところが、持ち込まれた古文書を見ると、血判らしい痕跡が見あたらない。花押《かおう》の付近に押されているはずとの説明だったが、どうしても見つけられないのだ。やるとすれば、花押あたりの表面をセロテープで転写して、DNAを抽出するしかない。しかしこの状態では、そこに血判があるとは知らずに触れた多くの人の手垢が付着している可能性が高い。仮にDNA鑑定ができても、お目当ての戦国武将のものか自信がもてないので、鑑定は保留にしている。

結局、血判状のＤＮＡ鑑定が可能かどうかは、和紙の原料やつくり方にも大きく左右されるのだろう。血液がある程度浸み込むような和紙についた血痕であれば、ＤＮＡ鑑定は長期間可能だが、血液の浸み込みが悪い和紙では、長年の間に血痕が乾燥して外れ、痕跡自体が消えてしまうことがあるのかもしれない。だとすれば、４００年以上たっていても血痕の付着状態がよい、すなわち黒く変色した血判というものは、あまり残されていない可能性もある。

水に流せない情報

いまではＤＮＡ鑑定の技術の進歩によって、ごくありふれたものから、思いがけないさまざまな情報が引き出せるようになっている。たとえば、何の変哲もないものの代表ともいえる水からも、かなりのことがわかる。

じつは水には、海水であれ淡水であれ、生物由来の多様なＤＮＡが含まれている。そこで暮らす微生物やその死骸、そこを通り過ぎたさまざまな生物の剝がれ落ちた皮膚や粘液、排泄物などのＤＮＡである。それらはごく微量であり、時間がたつと分解されてしまうが、その前に水サンプルを採取してＤＮＡ鑑定をすることで、そこにいた生物について、多くの情報を得ることができる。その技術の発展は目ざましく、生息している魚の種類もわかるし、プールであれば泳いだ人の個人識別まで可能な場合もある。

このような、水、あるいは空気や土壌といった環境中から採取したＤＮＡを「環境ＤＮＡ」という。生物から直接採取する必要がないので、労力が軽減され、絶滅危惧種などを傷つけずにすむことから、環境ＤＮＡの鑑定はこれから有用性が増していくとみられている。

もっとも、ＤＮＡ鑑定の技術が進む以前から、こうした考え方自体はあった。法医学におけるケイ藻の調査がその一例だ。

あるとき、森村誠一著の推理小説を真似た、痛ましい事件が起きた。風呂場で水死させた遺体を河原に運び、川での溺死を装ったのだ。

水中死体が法医解剖される場合は、まず溺死かどうかの診断が行われる。溺死であれば、飲み込んだ水で肺が膨隆している。池や川、海の水には多くの場合、プランクトンのケイ藻が棲んでいるので、肺から多量のケイ藻が検出されれば、溺死の証明になる。死亡現場の水に棲息するケイ藻と同じ種類のものが検出されれば、現場付近での溺死の可能性が高い。

また、海と川ではケイ藻の種類がかなり違うため、海岸で発見された遺体が海で溺れたのか、それとも川で死亡して海に流されてきたのかも、ケイ藻を調べればおよその見当がつく。

さらに、同じ海でも外洋より、河川からの栄養分が豊富な沿岸部のほうが、ケイ藻の種類が豊富で個体数も多い。

しかし、ケイ藻は水道水には含まれていない。そのため、風呂で殺害して川に遺体を遺棄しても、偽装は見破られる。この事件では、あらかじめ風呂に川の水を入れておかなかったことが、犯人にとっては致命的な手抜かりとなった。多くの微生物のＤＮＡが入り混じっているような水であれば、通常の鑑定は難しく、死亡現場の特定には至らなかったかもしれない。だが、やがては、どんなに巧みに偽装しても、川で溺死したのではないことが見破られる時代がくるだろう。

近年、第２章でもふれた次世代シーケンサーの登場により、環境ＤＮＡの鑑定技術は急速に進歩している。生物から直接採取せずに環境中から採取したゲノムの解析が、飛躍的に容易になったからだ。このようなゲノムを「メタゲノム」という。

次世代シーケンサーはそこにあるすべての種類のＤＮＡの塩基配列を読むことができるので、魚であれば水中に粘膜などから剝がれ落ちた細胞、陸上動物であれば空中に漂っている垢などのＤＮＡを検査するといった方法で、水、空気、氷、土壌、糞便などが分析されている。

たとえば、川・湖・海などの水を分析することで、付近に棲む魚などの種類がわかるうえ、そこにゼニタナゴやウナギなどの絶滅危惧種がいるかどうかも、捕獲しなくともある程度わかる。従来はその種に特異的なプライマーセットを用いてPCRを行い、増幅産物があるかどうかで調べられてきたが、次世代シーケンサーによって、魚全般のDNAを増やすプライマーセットでPCRを行い、これを分析することで、種類の特定とともに、個体数の多さまで判定することが可能となった。さらには、データベースに登録されていない未知の塩基配列をもつ魚の存在まで推定できるのだ。本書が完成する直前には、英国スコットランドのネス湖で、かねてより存在が議論されていた未確認生物の大捜索が行われた。ネス湖の250ヵ所ほどで湖水のサンプルを採取し、環境DNAを次世代シーケンサーで調べたのである。その結果、「ネッシー」が実在する可能性は残念ながらほぼ否定されたが、ネス湖に生息する多くの動物種のDNAが確認された。

いまやただの水や空気さえも、情報の宝庫となりつつある。

第5章 DNA鑑定が明かす日本人の起源

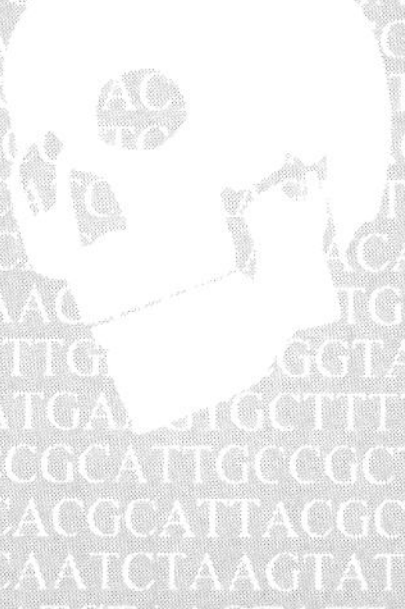

あちこち寄り道をしながら、DNA鑑定の裾野の景色をご覧いただいたが、ここからは少しばかり、登り坂におつきあいいただきたい。めざすのは「日本人の起源」についての謎解きという、いささか汗をかきそうな峰である。わが国の考古学・人類学におけるいわば「王道」ともいえるテーマだが、そこは私らしく、やはりほかの人はあまり通らない道をたどっていくことにしたい。

「日本人の起源」は「縄文人の起源」

誰も、大昔の日本がどうであったかを正確に知るよしはない。しかし、断片的な痕跡をもとに、想像力をはたらかせながら仮説を組み立てていくことは、楽しい作業である。私がDNA鑑定に魅せられたのも、もとはといえば、日本人という民族がどのようにして誕生したのかを考えることに夢中になっていたからだ。古人骨のDNA鑑定によって、有力な手がかりが次々と得られるようになったのである。

この章では、DNA鑑定でどのようなことがわかってきたのかを紹介し、日本人の起源について、私なりの少しひねくれた解釈も披露させていただきたい。

極東の島国である日本列島には世界から多くの人がたどりつき、反面、あまり出てはいかなかったようだ。そのため日本民族はDNAの「吹き溜まり」とも、世界で最もDNAの多様性に富む民族の一つであるともいわれている。とはいえ、大きく見れば、日本民族は古くから日本列島にいた旧石器人の流れをくむ縄文人と、渡来系の弥生人が混血して誕生したものであるという考え方が現在では広く受け入れられている。両者がミックスした結果、現代人のDNAの10～30％程度は縄文系由来で、残りは弥生系由来と見積もられている。ただし、この割合は今後、DNAのデータがさらに充実していけば変動する可能性が高い。

縄文時代の年代については、いまも議論はあるが、通説では、いまから1万6000年前ころに始まり、2500年前ころまでに終わったとされている。そして、その終期に近い2500年前ころに、中国大陸や朝鮮半島から弥生人が日本に渡来してきた。おそらく、中国の春秋戦国時代の苛烈な戦禍を逃れてのものであったろう。

このとき渡来した人たちは総じて縄文人より体格がよく、恒常的に稲作を営み、金属器を使用するなど技術的にもすぐれた点が多かったが、縄文人を一気に駆逐し去ってしまうような交替劇は起こらなかったようだ。だからわれわれはいま、大陸の言葉ではなく縄文語から連なる日本語を話している。このことは、渡来人が一斉に日本列島にやってきたのではなかったことを物語っていると思われる。

したがって、日本人の起源はどこにあるのかという問いは、縄文人の起源はどこにあるのかという問いに置き換えることができるだろう。

縄文人骨のＤＮＡ鑑定が始まった

１９９０年代以降、ＤＮＡの分析技術の進歩にともない、古人骨の分析が世界で試みられるようになってきた。そして、民族の進化の歴史を刻むミトコンドリアＤＮＡの分析も、かろうじて可能であることがわかってきた。

世界の趨勢と軌を一にして日本でも、１９９０年ころから縄文人骨のミトコンドリアＤＮＡが分析されるようになった。それまでは「日本人のルーツ」探し、すなわち「縄文人のルーツ」探しは、日本周辺の民族の遺跡や遺骨などをくわしく調べることで、過去にさかのぼる手がかりを間接的にたどっていくしかなかった。しかし、古人骨のＤＮＡを直接調べる手法が確立されたことで、ようやく縄文人の真実の姿に迫ることが可能になってきたのである。

わが国の人類学の教科書には、現在でも、縄文人のミトコンドリアＤＮＡの鑑定が始まった当初の成果が紹介されている。もっとも、古人骨の研究者の多くは「あのころのＤＮＡの鑑定結果は十中八九、実験者などのＤＮＡに汚染されたものだ」と思っているかもしれない。あとでも述べるが、検査する者などによるＤＮＡの汚染はいまだに苦労が絶えない難問なのだ。まだサンプルは残っているから追試験は可能だろうが、それよりも、古人骨の分析例数を増やし、問題のあるデータを薄める方向に向かうことで、縄文人の解明が進められている。パイオニアに敬意を表して、白黒をつけようとしないのもまた、日本人らしさだろうか。

また、日本には酸性土壌地帯が多く、骨やＤＮＡの保存にはあまり適していない。これまでＤＮＡ鑑定に成功している縄文人骨の多くは、アルカリ性の条件下にある貝塚や、海岸近くの洞窟で見つかったもので、断続的な大津波に呑み込まれることでアルカリ成分が補給されている地域のものが多い。したがって、縄文人骨のミトコンドリアＤＮＡのデータが得られた資料は太平洋側に偏在している。たとえば日本海側の東北3県では、まだ一例も分析に成功していない。そして西日本でも、人口密度が少なかったことや貝塚が少なかったことなどにより、分析が遅れている。

これらの困難をともないながらも、たとえば国立科学博物館の篠田謙一氏や山梨大学の安達登氏、国立遺伝学研究所の斎藤成也氏らが、縄文人骨のＤＮＡ鑑定を精力的に進めてきた。そこから見えてきたのは、縄文人の驚くべき特殊性と、不思議な均一性であった。

縄文人の特殊性とは

縄文人のルーツを考えるうえでは当然ながら、1万6000年前ころから始まる縄文時代の前に長く続いた旧石器時代の日本列島人との関係が急所となる。

おそらく最初の日本列島人は、中国大陸方面から船を使用して島伝いにやってきたか、あるいは歩いてくることも可能だったであろうと考えられる。というのも、2万年前ころの地球は氷河時代にあったため、現在とは地形がかなり異なっていたからだ。

そのころは海面が100m以上低下し、海岸線が海側に後退して陸地となっていた。そのため中国大陸は大陸棚がせり出すようなかたちで日本列島に接近していた。

北方では、北海道はサハリンとつながっていて、大陸から突き出た半島の状態になっていた。南方では、朝鮮半島は中国大陸にとりこまれて半島の体をなしておらず、日本列島との間には対馬海峡にわずかな隙間があいているだけだった。また、琉球（沖縄）方面も、中国大陸は現在よりも南西諸島に近く、台湾は中国大陸と地続きだった。したがって、大陸の旧石器人は北方ルートであれば日本列島に歩いてくることもできたし、海路でも現在よりかなり短距離の航海で上陸することができたのだ。

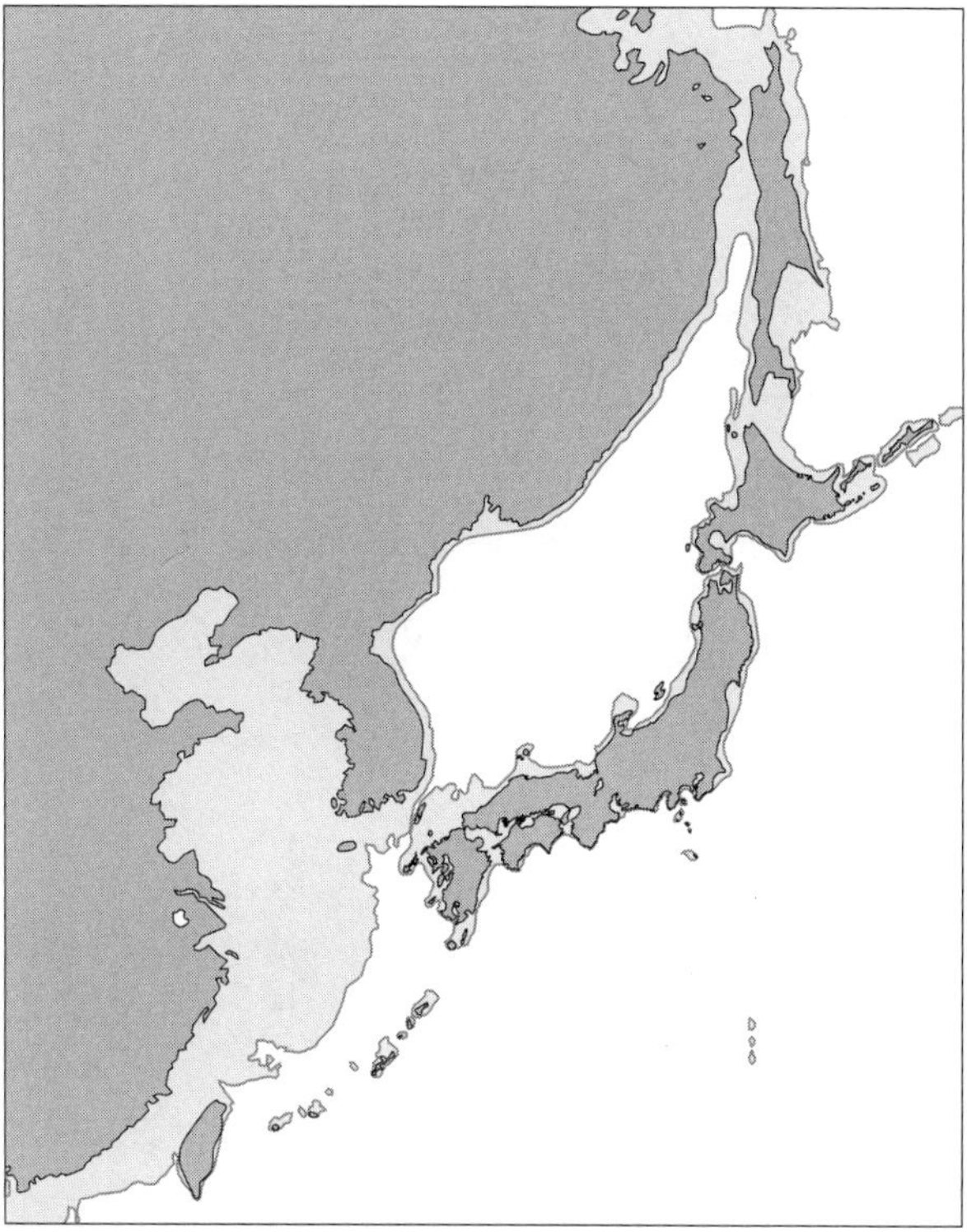

図5－1　氷河時代の日本列島と中国大陸
濃いグレーの部分が現在の陸地。海面が130m低下すると、薄いグレーの部分が陸地となる。北海道はサハリンとつながり、さらに大陸とも地続きになっていた。朝鮮半島は大陸にとりこまれ、大陸と九州の間にはわずかな隙間（現在の対馬海峡）しかなかった。

日本列島への最初の進入経路としては、ロシアからの北方ルート、朝鮮半島ルート、そして琉球列島ルートが考えられる。おそらく、この三つのルートから、さまざまな民族がやってきたことだろう。現在では、こうした日本列島への旧石器人の流入は、3万年前ころに起きたとされている。

これらのいずれかのルートでやってきた旧石器人が日本に定住し、そのまま縄文人となったのであれば、その民族が縄文人の起源ということになる。しかし、ことはそう単純ではなかった。考古学者や人類学者はこれまで、日本近隣のかつて日本に来た可能性のある民族を調べ、縄文人に似た形態やDNAをもつ、すなわち縄文人のルーツとなりうる民族を長い間、探しつづけてきた。だが、そのような民族はいまだに見つかっていないのだ。たとえば北海道や東北にいた縄文人の多くがもっている「M7a」と「N9b」という二つのミトコンドリアDNAのハプログループは、朝鮮半島やロシア東南部の沿海地方にわずかに見られる以外は、まったくと言ってもよいほど見つからない。

こうした縄文人の特殊性が明らかになるにつれて、現存している特定の民族に縄文人の起源を求めるという従来の「ルーツ探し」の発想は、改めるべきではないかと考えられはじめたのである。

縄文人の均一性と「二重構造説」

一方では、現代の日本人のミトコンドリアＤＮＡについての研究も進められていた。たとえば、各地域の人々がもつハプログループを比較したところ、意外なことがわかってきた。

どの地域の人にも共通して、圧倒的なほど多くみられたのは「Ｄ４」というミトコンドリアＤＮＡのハプログループであった。この特徴は、弥生人にも共通するものである。一方で、縄文人はＤ４の出現頻度が少ない。Ｄ４とは、もともとは中国の長江（揚子江）下流域の住民に多いハプログループである。このことから考えられるのは、この地域の人たちが縄文時代後期の日本列島に渡来して、弥生人となった人々であろうということだ。

ところが、日本の各地域のミトコンドリアＤＮＡのハプログループの違いのほうに注目すると、不思議な傾向が見えてきた。現在のアイヌなど北方の人と沖縄の人には、ほかの地域では少ない「Ｍ７ａ」と「Ｎ９ｂ」が際立って多いのである。さきほど述べたようにこれらは、縄文人に独特の、海外ではほとんど見られないハプログループだ。いったいこれは、何を意味しているのだろうか。

その解釈としては、およそ次のように考えられている。

旧石器時代に日本列島に流入してきたさまざまな民族は、長い時間をかけて混血しながら突然変異を蓄積し、やがて「縄文人」という独特のハプログループをもつ民族となった。北方や沖縄の現代人に見られるＭ７ａやＮ９ｂは、縄文人が均一に、広範囲に拡散したことの名残である。ところがその後、大陸からＤ４をもつ渡来人がやってきた。稲作をしていた彼らは、日本ではそれに適した本州でおもに定着して、「弥生人」となった。弥生人は縄文人と混血しながら広がっていき、やがて縄文人のＤＮＡは薄まっていった。しかし、北方や南方では稲作が浸透しなかったために弥生人があまり進出せず、したがって縄文人の特徴が残されたのであろう、と。

このように、日本人は中央部と南北で異なる構造をもっているとする考え方を「二重構造説」といい、東京大学の埴原和郎《はにはらかずろう》氏によって提唱された。二重構造説は日本人のハプログループの特徴と、縄文時代から弥生時代への移行様式を統一的に説明できる説として、現在では広く支持されている。

「縄文ＳＮＰ」との出会い

二重構造説は縄文人の起源を直接に明らかにしたものではないが、縄文人が日本列島のなかで独自に誕生した民族であることの裏づけになると考えられた。

私も、大筋ではこの考え方に異論をはさむつもりはない。この本はＤＮＡ鑑定の入門書なので、読者にはこのあたりまでを知っていただき、ＤＮＡ鑑定が日本人の起源解明にどう貢献してきたか、およそのイメージをもっていただければ十分である。

しかし、やはり性分というべきか、私としてはもう少し突っ込んでみたくなるのだ。日本列島にさまざまなルートでたどりついた人たちが渾然となって、縄文人が誕生したとしても、その「核」となるような民族は、やはり存在していたのではないだろうか。また、縄文人がその後、日本列島の北から南にまで広がったのは、どのようなしくみによるのだろうか。なんらかの力が働くことなしに、これほど一様な拡散が起こるものだろうか。

こうした疑問をもった私は、自分なりに、縄文時代以前の人類がどのルートから日本列島に来たのかを考えるようになった。鳥取大学の湯浅勲氏の研究に協力したことも一つのきっかけだった。湯浅氏らは、核ＤＮＡ中に存在する日本民族の識別マーカーを精力的に探していくなかで、日本人に特異的なＳＮＰ（一塩基多型）とは、「縄文人に特有なＳＮＰ」にほかならないことを見いだした。つまり、これらのＳＮＰを多くもっている人ほど、「日本民族らしい」ということができるのである。湯浅氏はこれを「縄文ＳＮＰ」または「日本人特異的ＳＮＰ」

と命名した。

そのSNPはいくつもわかっているが、代表的なものは「PLA2G12A」「H19」「GALNT11」の三つである。湯浅氏はこれらを、北海道・東北縄文人と、現代の日本各地、朝鮮半島、中国の人たちがそれぞれ、どのような頻度でもっているかを比較した。その結果が図5-2である。なお、「アリル頻度」とは、ある集団において特定のSNPが出現する頻度のことである。

これを見ると、まず海外(中国、ソウル、光州)では、ほとんどこのSNPは見られない。また、縄文人では三つのSNPの所有率はすべて異常に高い。アリル頻度が0・5なら、その集団の75%の人がもつことを意味しているので、とくに「PLA2G12A」と「H19」は縄文人のほとんどがもっていることになる。これらのことから「縄文SNP」が「日本人らしさ」であると言って間違いではないだろう。

そして最も目を引かれるのは、現在の日本の各地域の中では、沖縄の人々が突出してこれらの遺伝形質をもっていることだ。これらのSNPは、それぞれ大昔に、ただ一度の突然変異で生じたものであることがわかっている。したがって、これらをもつ人どうしは、祖先を共有していると言えるのだ。

「縄文SNP」との出会いから、私のなかで、縄文人がどこから来たのかについてのイメージ

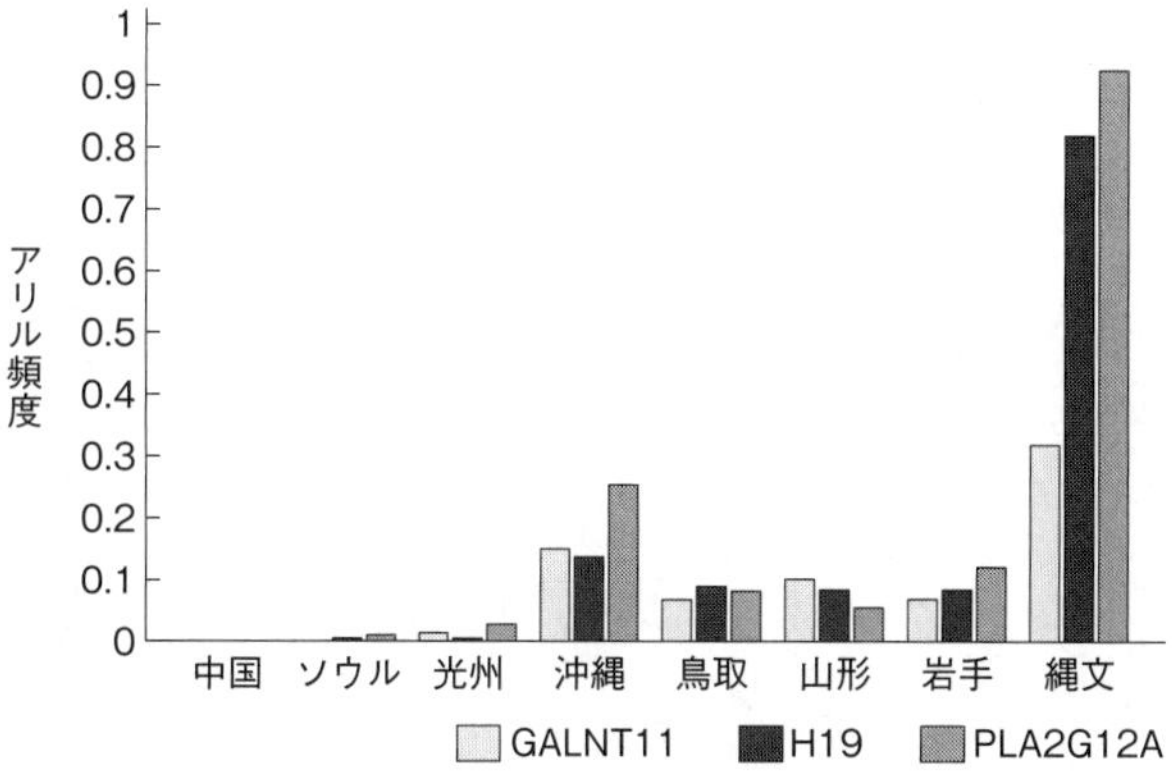

図5－2　各地域における「縄文SNP」のアリル頻度

がどんどん膨らんでいった。

一方で、われわれの法医学教室でも、血清中に存在するタンパク質「α２－HSグリコプロテイン」の５型を見いだし命名した。これは奄美以南の琉球列島の２～３％の人だけがもつもので、琉球列島で突然変異により誕生したタイプである可能性が高い。最初に発見されたのは山形で、国内の他地域にもわずかに存在しているが、日本列島以外での報告は、まだ一例もない。もちろん、このタイプはDNA鑑定でも識別できる。

こうしたデータをも踏まえて私が考えた、従来の常識からやや離れた「縄文人の起源」についての仮説を、単純なものではあるが述べさせていただきたい。

氷河時代の「楽園」にて

日本人は日本列島で、日本原人から独自に進化して誕生したのではないのなら、そのルーツは海外にあるはずだ。そのような発想でこれまで、縄文人に似た形態やＤＮＡをもつ海外の民族の探求が長い間、続けられてきた。しかし、よく似ていると思われる民族はいまだに見つかっていない。このような思考方法では、正解は見つからないのかもしれない。

そこで発想を変えてみると、ごく少数の人々が海外からたまたま日本列島にたどり着き、気の遠くなるほどの長い年月をかけて、独特の縄文的な形態やＤＮＡの特徴を獲得した、という考え方が生まれてくる。では、縄文人の祖先となった渡来人は、どのようなルートで日本列島にたどり着いたのだろうか。世界地図を見ながら考えた。

従来、現代人まで遺伝的につながる人々の最初の日本列島への渡来ルートとしては、人類学・考古学・言語学などの多くの知見をもとに、前述したとおり、北方ルート、朝鮮半島ルート、琉球列島ルートがおもに考えられてきた。しかし、氷河時代に寒冷なロシアからサハリン経由でやってきたとは考えにくいので、北方ルートの可能性は低いと考える。一方、当時は図５－１のように大陸が日本近くまでせり出していたので、朝鮮半島から渡ってくることは現在

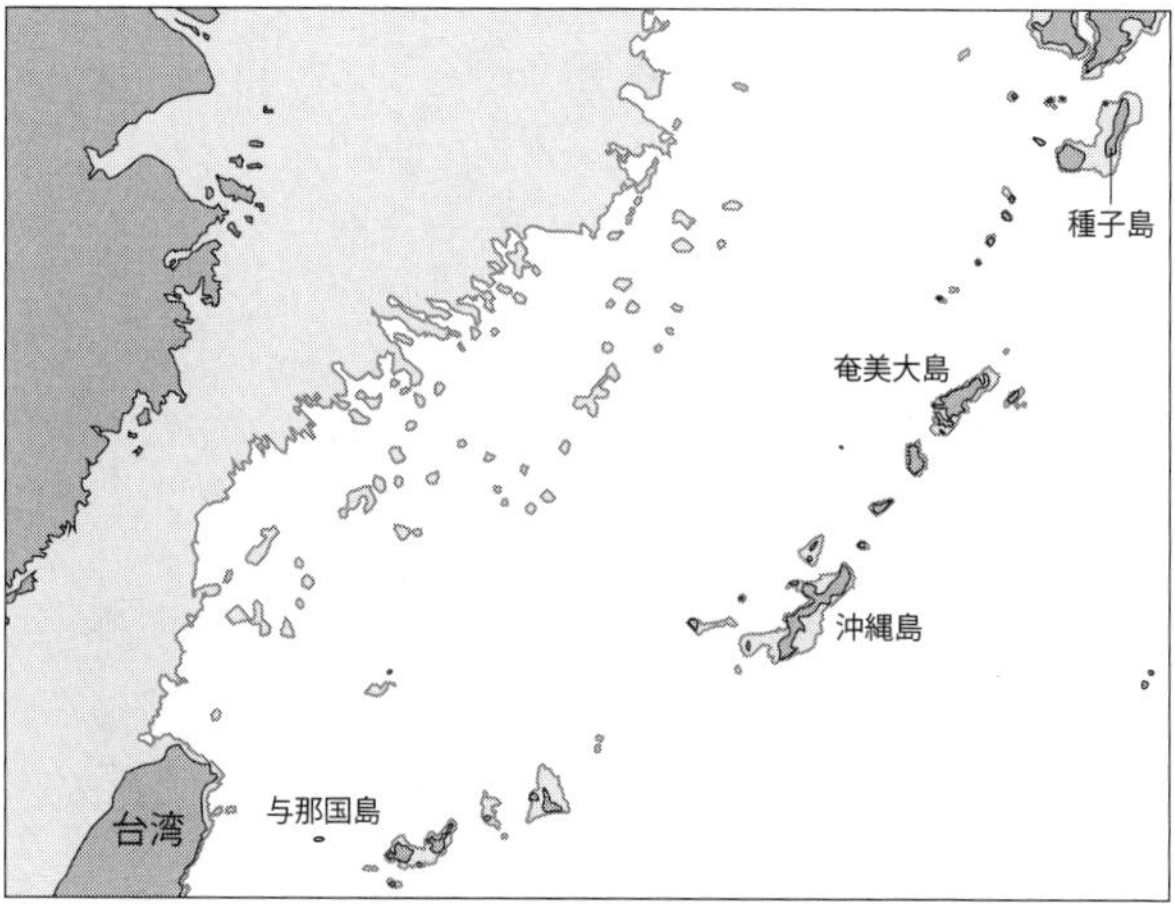

図5－3　氷河時代の南西諸島
濃いグレーが現在の陸地。薄いグレーが約3万年前の陸地。現在の4倍ほどの陸地があった

よりは容易であったろう。

　では、琉球列島ルートはどうだろう。氷河時代には沖縄と中国との距離も、現在の半分程度である。確証は何もないが、閃《ひらめ》くものがあった。

　中国の長江から少数の人々が、筏などに乗って現在の上海に出て、長江の流れを利用して東シナ海を渡り、たまたま南西諸島にたどり着いて、日本の旧石器人、ひいては縄文人の祖先となったのではないだろうか。長江をさかのぼると、チベット高原にたどり着く。現在の日本人の3割程度がもつ、Y染色体のほぼ日本特異的なハプログループD1bの基になったD1aタイプは、チベットや東南アジアの民族に多いことも符合する。そして、このタイプは朝鮮半島にはかなり少ないのである。

前述した縄文SNPが沖縄の人々に多いことも、そう考えれば説明できるではないか。

氷河時代の南西諸島は、現在よりも広大な陸地をもっていた(図5-3)。温暖な気候とも相まって、日本列島では最も暮らしやすい別天地であったことだろう。10万~5万年くらい前に中国大陸から南西諸島に渡ってきたごく少数の人々が、そこで何万年も留まり、「ゆりかご」に抱かれるように生活していた。この間に突然変異を蓄積し、約2万年前には、現代人にまでつながる日本独自の旧石器人・縄文人に特有な遺伝形質や形態を獲得したのではないだろうか。

なお、巷間では、最初の渡来人が日本列島にやってきたのは3万年ほど前といわれることも多いが、1万年ほどの短期間では原日本人に特有な遺伝形質は生まれないであろう。

約2万年前の氷河期の終わりとともに、温暖な気候のもとで、彼らは人口を急激に増大させた。私はこの最初の渡来を含め、3回の重要な渡来があり、さらに2回の大規模な拡散があったことで、現在の日本列島人が形成されたのではないかと考えるのである。

鬼界カルデラの巨大噴火

南西諸島での生活を謳歌していた旧石器人たちに、やがて楽園を捨てるというつらい選択を迫られるときが訪れる。氷河時代の終焉にともなう気候の温暖化によって海面が上昇したことにより、陸地が減少したのである。人口は急増していたため、食料などの資源の不足が深刻となり、やむをえず彼らは新天地を求めて島を出て、九州に移り、定住を開始した。そこで時間とともに、縄文人に移行していった。その一部はさらに、本州の西日本にも渡っただろう。

九州も自然条件に恵まれていたため、縄文人はおおいに繁栄した。ところが、約７３００年前、彼らに壊滅的な打撃を与える天変地異が起こった。鬼界カルデラの巨大噴火である。

鬼界カルデラは薩摩半島より南方の海底にある、直径約20㎞の巨大なカルデラである。カルデラとは火山の噴火によって真ん中が吹き飛んでできた窪地のことで、これが噴火した場合はカルデラ全体が火口となって火を噴くので、破局的な巨大噴火となる。現代でもカルデラ噴火は最も甚大な自然災害の一つとして、世界的に警戒されている。そして現在のところ、日本で最後に起こったカルデラ噴火が、この鬼界カルデラの噴火なのだ（図５－４）。

吐き出された火山噴出物の規模は、想像を絶するものであったろう。高速・高温の火砕流は南九州一体を焼き尽くし、火山灰は太陽を覆い隠して異常気象をもたらした。この超巨大災害によって、九州の縄文人はほぼ絶滅するという悲劇に見舞われた。そのことは、鬼界カルデラ

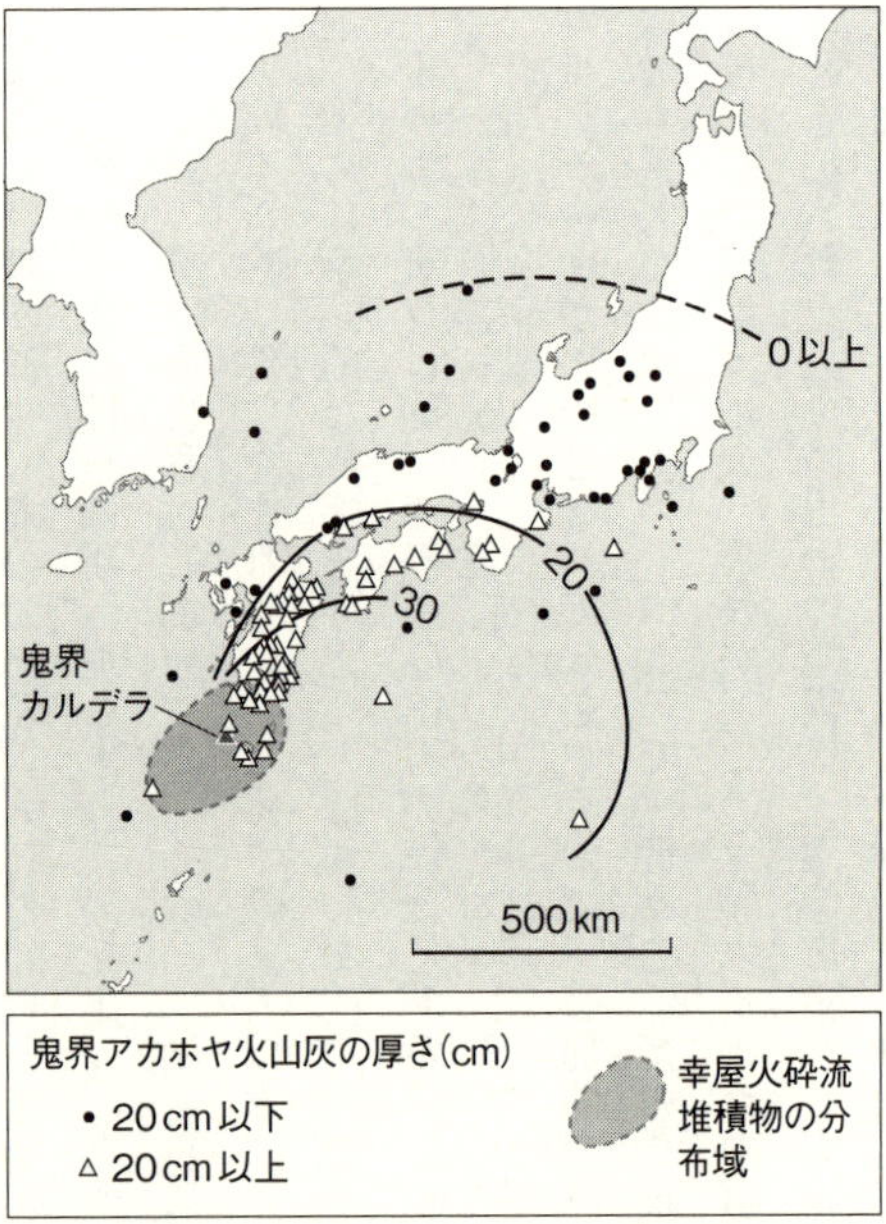

図5－4　鬼界カルデラの巨大噴火
火山灰は東北地方にまで到達した（町田洋氏の図を一部改変）

から噴出したアカホヤとよばれる火山灰の分厚い層の下から、縄文遺跡がいくつも見つかっていることで推測できる。

かろうじて破滅を免れた九州の縄文人や、本州の西日本一帯に定住していた縄文人は、火山灰などの脅威から逃れるため、北への移動を開始した。多くは関東・東北地方に逃れ、そのためそれらの地域に拡散していた縄文人は北海道、さらに千島列島からサハリン、アムール川流域にまで押し出された。これが1回目の縄文人の拡散である。
このとき一部の縄文人は、海を渡って、朝鮮半島に逃れた。韓国南部でいまも縄文土器や九州産の黒曜石が出土していることや、縄文人に独特のハプログループが韓国には低頻度で存在することも、そのように考えれば辻褄が合う。

鬼界カルデラの巨大噴火の影響で、西日本の人口は長期間にわたり、希薄になっていたと考えられる。この隙をつく形で、大陸からの2回目の渡来が開始された。現在の朝鮮民族とは異なる、内陸部のいくつかの集団が、なんらかの理由で移住を余儀なくされ、その一部が九州地方を中心にして上陸してきたのだ。彼らは縄文人と混血を繰り返しながら、西日本から関東方面に北上した。こうして、均一な民族だった縄文人が新たな血をとりこみながら北方にますます拡散していったのが、縄文人の2回目の拡散である。

縄文時代中期から後期にかけての縄文人像は、このようなものだったのではないだろうか。

そして2500年ほど前、3回目の渡来があった。朝鮮半島や中国南部から、巨大噴火の後遺症でいまだ人口がやや少なかった九州に、大陸での戦禍を逃れて、大挙して上陸してきたのである。大陸で稲作をしていた彼らは、日本でも農業に好適な地を求めて本州中央に進出していき、弥生人となった。

そのため縄文人は押し出されるようにさらに北へ拡散していき、一様に広がったのではないだろうか。そして1300年ほど前に、北海道縄文人がより北方に住んでいたオホーツク人と混血してアイヌ民族となった。

このように原日本人というべき民族は、氷河時代に地上の楽園となっていた沖縄で育まれ、氷河時代の終焉とともに九州へ移って縄文人となり、巨大噴火によって北方へ拡散した。さらに大陸からの渡来人の流入が拡散を促進し、その後にやってきた渡来人が中央に進出して弥生人となり、二重構造をもつ日本列島人が形成されたのではないだろうか。

いわば、氷河時代と巨大噴火が日本人をつくった、というのが日本人の起源についての私の考えたストーリーである。

DNAの死後変化とは

DNA鑑定の大きな活躍の場である人類史の解明について、日本人の起源を題材に見ていただいた。やや骨の折れる道のりだったかもしれないが、DNAを足がかりにすればこれだけの時空を超えた推理が可能になることをおわかりいただけただろうか。

しかし読者の中には、数千年から数万年というオーダーで過去のことがわかるほど、DNA

鑑定は信頼に足るものなのか、と疑問に思われている方もいるのではないだろうか。そのような古い人骨から、本当に信用のおける情報が得られるのか、と。じつは、それは非常に急所を突いた疑問である。というよりも、まさにその視点こそ、われわれが忘れてはならないことなのだ。具体的に説明していこう。

仮にDNAがきわめて安定した、分解しにくい有機物であったなら、地球上はDNAだらけになっていただろう。現実はそうではないから、DNAが個体あるいは細胞の死後、すみやかに分解されることは容易に理解できる。一方で、かろうじて分解されずに残っているDNAをなんとかして回収し、不可能と思われる場面でも鑑定してみせるのが、鑑定屋の腕の見せどころでもあるのだが。いずれにしても、そうしたDNAの「死後変化」の問題が、DNA鑑定にはつねにつきまとっているのだ。

ここでいうDNAの死後変化とは、分解のときのように、単にDNA鎖が切断されるということではない。DNAのある塩基配列が、死後に別の塩基に変化してしまうのである。もう少しわかりやすくいえば、PCRによる増幅の過程で、本来の塩基ではない別の塩基として認識されてしまうのである。そんなことが起こるとすれば、それこそDNA鑑定の信用問題にかかわるが、DNAが古くなればなるほど、実際に起こりやすくなるのだ。

たとえば、家畜の古い骨のDNAを鑑定していた多くの研究者が、現在の家畜と比較して、塩基置換した箇所が異常に多いことを報告している。それは、次のような現象だった。

生体や細胞が死ぬと、酵素反応によりDNAの「アミノ基」という部分が外れる現象が起こることがある。これを「脱アミノ化」という。塩基の一つのシトシンは、脱アミノ化によってウラシルとなる。これはPCRのときにチミンとして認識されてしまう。しかし、生きた細胞であれば、この変化が生じても、「ウラシルDNAグリコシラーゼ」という酵素などが働いて、ウラシルを元のシトシンへと修復してくれる。ところが、生体が死ぬと、この修復作用が起こらなくなるのだ。

また、われわれの生体では通常、膨大な遺伝子のどれを働かせ、どれを抑制するかを必要に応じて判断している。これには、「DNAメチルトランスフェラーゼ」という酵素の作用によってシトシンに「メチル基」が導入された「メチル化シトシン」が大きな役割を担っている。これはPCRにおいては、シトシンと認識される。ところが、そこに脱アミノ化が加わると、今度は正真正銘のチミンへと変化する。つまり、ここでもシトシンがチミンへと変わってしまう。さらに、アデニンも同様の過程で、イノシンという塩基に変化する。ところが、ややこしいことにこの場合は、PCRでは「四つの塩基のいずれか」として認識されてしまうのである

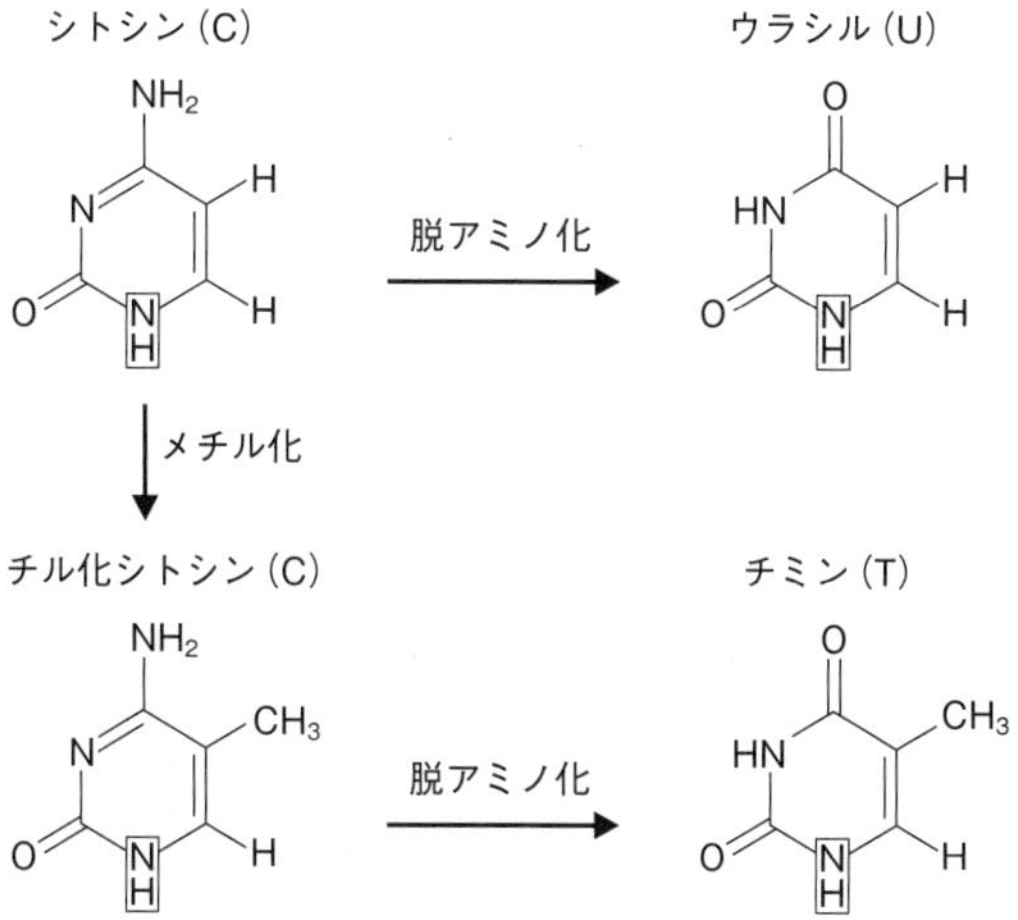

図5－5　代表的な塩基の死後変化

（図５－５）。

このような死後変化が頻繁に起こるとすれば、古い骨のデータなど信用できないといわれてもしかたないだろう。

生きている生物の体内では、複雑な代謝の回転が続き、多くの細胞の死と増殖の新陳代謝が同時並行で進んでいるが、そこではＤＮＡの修復機能がつねに働いていて、突然変異が発生する率を低く抑えている。個体の死亡時には、ＤＮＡは統制なしに急激に分解されるが、そうした際にもこのような変化は起こりにくい。

ところが、人類学や考古学の資料となる古い人骨などの場合は、ＤＮＡが長い年月をかけて徐々に分解される。塩基も、ＤＮＡが完全に分解されるまではしばらく変性状態で残るため、この段階で解析すると、前述のような変化が起こりやすい。もしも頻繁に塩基の変化が起こるならば、古い人骨におけるＤＮＡ鑑定の信頼性は大きく揺らぐことになってしまう。

では結局のところ、古い人骨などから得られた塩基配列のデータは、どの程度、信用してよいのだろうか。

縄文人骨のデータは信用できるか

私の経験上、北海道や東北地方から発掘された、４０００年程度前の、歯から抽出された縄文人の塩基配列のデータであれば、多くの場合、ある程度は信用してよさそうである。こうした場合なら、死後変化はそれほど頻繁には起こらないと考えられるからだ。北海道や東北と限定したのは、問題となるような死後変化は明らかに、寒い地方よりも暖かい地方から発掘された資料に多く見られるからである。

もっとも、われわれには本来の塩基配列を知る方法がないので、死後変化が生じる比率も出せないし、鑑定結果について正しい評価のしようもない。

しかも、古い骨などのＤＮＡサンプルには、塩基の死後変化のほかにも、塩基の欠失、酸化還元反応、紫外線によるチミンどうしの結合、２本鎖のうちの一方のポリヌクレオチドの断裂（これをニック〔切れ目〕という）などの変性が起こっている。

これらの変性に対応するため、部分的な修復が期待されるＤＮＡ修復キットが市販されている。もちろん２本鎖が完全に断裂していたりしたら元には戻せないが、キットによって少なからぬ変性箇所が修復されて、劇的に良好な結果が得られた縄文人骨もあった。古いサンプルの場合、修復キットを使用した前後で塩基配列の解析結果が同じであることを示せれば、データの信頼性は高まることになる。やや話は逸《そ》れるが、刑事裁判の証拠品となるような大切な資料では、太陽光や紫外線に長時間さらされると鑑定結果に影響することがあるので、ＤＮＡ修復キットの積極的な活用が望まれる。

ただし、自然界には別のＤＮＡの断片どうしを結合させる働きをもつ「ＤＮＡリガーゼ」という酵素が存在しており、その作用で新しい配列ができあがることもあるので、いかなる場面でも油断は禁物である。

前述した、シトシンのウラシルへの変化を修復する酵素であるウラシルＤＮＡグリコシラーゼも市販されていて、これを使えば、サンプルとなるＤＮＡの損傷具合を、ある程度まで検証することができる。すなわち、この酵素で処理した前後で塩基配列が違えば、損傷の問題があることが浮かび上がるわけだ（ただしここでも、修復酵素によっても本来の塩基に修復できないような変性も存在する）。

長々と述べてきたが、資料の置かれた状態や保存状況によっては、DNA鑑定の結果を全面的に信用してはいけないという事情が、多少はおわかりいただけただろうか。

幻の『ジュラシック・パーク』

こうした観点から見て、私が疑いの目を向けているDNA鑑定の事例があるので、そのいくつかを紹介しよう。

6500万年以上前に恐竜の血を吸った蚊が針葉樹の樹液に閉じ込められ、そのまま長い年月をかけて「琥珀」になる。そこからDNAを抽出して恐竜の遺伝情報を読みとり、足りない部分はカエルの遺伝子で補って、恐竜を復活させる。1993年に公開された映画『ジュラシック・パーク』は斬新な設定が人々の心をとらえ、世界的な大ヒットになった。折しもPCR法という技術が実用化されはじめたころで、理論的にも大きな問題はなく、まさに絶妙なタイミングでの企画だった。

そのインパクトは相当なもので、科学の世界にも大きな影響を及ぼした。古代の琥珀から生物を見つけ出す研究が相次いで行われ、さすがに映画のように恐竜のＤＮＡを解読したとする大発見はなかったが、琥珀から取り出した昆虫のＤＮＡ解析に成功したとの報告が相次いだのだ。専門書に「琥珀に保存されたＤＮＡ——抽出の技法とその応用」という一節が設けられたことからも、時代の潮流が読み取れる（宮田隆編『分子進化—解析の技法とその応用—』共立出版、１９９８年など）。

これらの論文を普通に読めば、誰しもすごいと思うだろう。だが、数千万年以上という時間を冷静に考えてほしい。琥珀の中の昆虫は、もはや内臓などはきれいに消失し、キチンなどからなる外骨格しか残っていない。このような状態では、現代の昆虫でもＤＮＡの抽出は相当に困難だ。では、琥珀の中の昆虫から得られたＤＮＡとは、いったい何だったのだろうか。

また「ひねくれ者」と言われそうだが、私は、これらの研究に用いられた琥珀は、ことごとく模造品であったのではないかと疑っている。解析に成功した塩基配列とは、そこに封入された現代の昆虫のものだったのではないだろうか。

琥珀とは、いわば樹脂の「化石」である。琥珀になる前の若い化石であるコーパルや、それに類似した合成樹脂は、およそ１５０℃で溶けるが、この中に虫を入れれば、自然に虫が入った琥珀とそっくりな代物がつくれて、素人目には区別は難しい。現に世界には、こうした模造品が安価でたくさん出回っているのだ。

そもそも、本物のサンプルであれば、DNAはごく微量しか残っていないので、PCRで増幅しても再現性はかなり悪いはずである。再現性のよいDNAが得られたら、その時点で結果を疑うべきだろう。しかも数千万年前の昆虫のDNAであれば、現在までに多くの突然変異を蓄積しているはずなので、仮に同じ仲間が現存しているとしても、DNAレベルでは大きな違いが生じているはずだ。現在は昆虫のDNAデータベースはかなり充実してきたので、琥珀から得られた結果がデータベースに登録されている現生の虫の配列とほぼ同じであれば、あまりにも不自然で、すぐに間違いだと気がついたかもしれない。しかし、この研究が流行した当時は登録データがごくわずかであったために、古代の昆虫と信じ込んでしまったのではないだろうか。

いつの時代も、新知見が得られたときに、われ先にと論文にしたがる輩《やから》は後を絶たないが、落とし穴がないかどうかを慎重に確認することは必要だろう。

穿《うが》った見方を提示してしまったが、『ジュラシック・パーク』は、フィクションが科学の世界に影響を与えた稀有な事例といえる。内容は示唆に富み、多くの人に古生物学の世界に目を向けるきっかけをもたらしたという点で、学界への貢献も大きかったといえる。

その後も、恐竜の骨や、その時代の木の化石からDNAの解析に成功したという論文が相次いで発表された。恐竜の骨のデータは年代から考えて、やはり幻を見たものだろう。木の化石についても、なんらかのDNAの塩基配列が得られたとしても、前述したように死後変化をともなっているので、本来の塩基配列からはほど遠いものになっているはずだ。

もっとも、『ジュラシック・パーク』の世界の再現は、別のアプローチをたどれば、近い将来には夢物語ではなくなるかもしれない。爬虫類や恐竜の子孫といわれている鳥類の全ゲノムと形態の解析が進み、恐竜の形態を特徴づけるDNAの情報が多数得られれば、遺伝子操作やゲノム編集により、「恐竜のような生物」を復活させることができる可能性は十分にある。そのときは扱いに困らないよう、せいぜい小型犬くらいの大きさにしてほしいものだが。

ただし、DNAからそれらしい生きものを復元させることはできても、それは真の意味での「恐竜の復活」を意味しない。生息当時の環境のなかで、生態系を構成する仲間がいてこその恐竜の存在だったのだから。

分子時計はどこまで信用できるか

1962年、米国の生化学者ライナス・ポーリングらは、赤血球に存在するヘモグロビンというタンパク質のアミノ酸配列を調べ、生物の類縁関係が遠いほど、アミノ酸が異なる部分が多いことを見いだした。そして、アミノ酸の配列を生みだす塩基が、突然変異によって一定の速度で置換すると仮定すると、過去に生物の種が分岐した年代を推定できると考えて、これを「分子時計」(あるいは「分子進化時計」)と名づけた。その後、多くのタンパク質のアミノ酸配列やDNAの塩基配列を、各種の生物間でいろいろ比較すると、古い時代に分岐したと考えられる生物どうしのほうが、新しく分岐した生物どうしよりも、生物間での塩基置換数が明らかに多いことが判明した。

たとえば、AとBという2種の生物が、化石の記録などから10万年前に分岐したことがわかっているとする。これは絶対年代とよばれる。そして現在、AとBのDNA塩基配列が10個違っているとする。すると、Aと5個しか塩基配列が違わないCという種は、5万年前にAから分岐したと推定できる、というのが分子時計の基本的な考え方である。ただしこの推定は、生物の分子が変異する速度(突然変異率)はいつも等しいという前提で成り立っている。

1987年、カリフォルニア大学バークレー校の分子生物学者アラン・ウィルソンらにより、ミトコンドリアDNAの分子時計の解析がなされ、われわれ現生人類はすべて、14万〜29万年前にアフリカに住んでいた女性を起源とするという「アフリカ単一起源説」が出された。

すでに紹介した、有名な「イブ仮説」である。現在では、諸説はあるがおよそ7万年前にアフリカを出た現生人類ホモ・サピエンスが世界の各地域に進出して、モンゴロイド（黄色人種）やコーカソイド（白色人種）などの起源になったと推定されている。

ウィルソンらの研究では、ヒト（猿人）とチンパンジーが分岐した年代を400万〜500万年前として、これを絶対年代としたうえで、現生人類が誕生した年代が決定された。今後は核DNAも用いた、より詳細な分岐年代が出てくるだろう。

しかし進化学は、科学の一分野ではあるが、検証実験が最もやりにくい分野であるといわれる。ウィルソンらの年代推定にも、じつは疑わしい点が多いのだ。分子時計を用いるときに真っ先に問題となるのが時間軸の物差しであり、少なくとも、絶対年代としてのヒトとチンパンジーとの分岐年代は正確でなければならない。だが、ウィルソンらはこれも、ミトコンドリアDNAの全塩基配列の比較により、つまり分子時計的な手法でエイヤっと決めたにすぎないのだ。400万年という時間の長さを正しいという根拠はどこにもないのである。

突然変異率がつねに等しいという前提も仮定にすぎず、実験的に決めることは難しい。実際には調べる塩基配列の部位によって大きな違いが見られるし、生物の種によっても違えば、さらには同種においても、かなりの個体（系統）差が見られている。つまり、突然変異率で正確な物差しをつくることは事実上できないのである。

たとえば、遺伝的に均一とわかっているある生物が、別々の島で遺伝的交流なしに隔離されていた期間が正確にわかっていて、そのあと分岐した現在の両者のＤＮＡの塩基配列が比較できれば、かなり正確な物差しはつくれる。しかし、それとてその生物のその系統にしか適用できない。ヒトとチンパンジーが共通祖先から分かれる前後の、正確な年代測定ずみの化石が多数見つかれば話は別だが、そのような化石資料もない。炭素の放射性同位元素にもとづく年代測定は比較的信用できるが、適用できるのは過去4万~5万年ほどの資料に限られる。

したがって、アフリカ大陸からユーラシア大陸に現生人類が進出した年代を約7万年前とするのは、現状では一つの仮説にすぎない。あたっているかもしれないし、大きく異なっていることも十分にありうるのだ。最大の問題は、人類学者の多くがこの程度の根拠にもとづいた数字を前提として、その後の人類の移住・移動を考えていることである。

ネアンデルタール人の衝撃

２０１０年5月7日、科学雑誌『サイエンス』に掲載されたある国際研究チームの報告が、衝撃とともに世界を駆けめぐった。

「現生人類はネアンデルタール人の遺伝子を受け継いでいる」

というのである。

クロアチアの洞窟から、約４万年前のネアンデルタール人の骨が見つかった。３体分で、いずれも女性であった。これらの骨を分析したところ、ヨーロッパやアジアの現代人と共通するＤＮＡが、ネアンデルタール人にも１～４％含まれていて、それはアフリカの現代人には見られないものだった、という。これはまた、開発されたばかりの次世代シーケンサーという新技術の輝かしい成果でもあった。

ヨーロッパやアジアの現代人にのみ、ネアンデルタール人と共通のＤＮＡの配列が見つかったことと、定説となりつつあった人類のアフリカ単一起源説とを重ねあわせて、アフリカ大陸を出た初期の現生人類が、中東あたりに住んでいたネアンデルタール人と混血したのであろうというストーリーが組み上げられた。アフリカにとどまった人類はネアンデルタール人と交雑しなかったと考えられるからだ。であるならば、私の中にも、あなたの中にも、わずかにせよネアンデルタール人の血が入っていることになる。

その名前は多くの人が耳にしたことがあるだろうが、ネアンデルタール人とは、ヨーロッパ各地で化石となった骨が発見された、われわれ現生人類とは種を少し異にする集団である。

骨の形状などから当初は、ヨーロッパ人はネアンデルタール人の直系の子孫であると多くの人類学者が考えた。だが、骨の形状の観察だけでは主観が入りやすく、万人を納得させるデータとは言いがたい。そこで登場したのが、骨の形状よりもはるかに客観的で正確性が高いと思われたＤＮＡである。ネアンデルタール人のミトコンドリアＤＮＡを分析して、分子時計によって現生人類との分岐年代を推定したところ、約50万年前という値が出た。それほど分岐が古いのであれば、ネアンデルタール人とわれわれには直接の関係がない、つまり、同時期に生きていたけれども、両者は別種だったと考えられるようになった。

そうした流れのなかで、『サイエンス』に論文が発表されたのである。これが正しいかどうかは今後、まだまだ証拠の集積がなくてはわからないが、筋書きとしては一見、辻褄が合っているように思えるので、多くの人が納得してしまった。

しかし、もうおわかりのように私はあまのじゃくでヘソ曲がりときているから、このような大論文は、まず間違っていることを前提として見てしまう。「われわれの体内にネアンデルタール人の血が流れている」などというお話は、到底信じられるものではなかった。以下に私がそう考える理由を示していこう。

DNAの汚染は重大問題

まず、根本的な疑問として、サンプルとなったネアンデルタール人のDNAデータを本当に信用してよいのかという大問題がある。ネアンデルタール人ほどの古さの人骨ともなれば、得られたDNAのデータには、これまで述べてきたように、無視できないくらい多くの塩基の死後変化が蓄積しているのではないだろうか。縄文人の骨でさえ、鑑定できるものは限られているというのに、それよりも10倍以上も古いのである。サンプルとして骨を用いたのもいただけない。歯から抽出したDNAのほうが、明らかによく保存されているはずだ。

また、もしこの論文が正しければ、現代人からはネアンデルタール人の核DNAだけでなく、ミトコンドリアDNAやY染色体DNAも、これまでに見つかっていそうなものだが、現在のところ、そのような例は一つも報告されていない。ネアンデルタール人は現代人に核DNAだけを残し、ミトコンドリアとY染色体のDNAは途中で消失してしまったのであろうか。

そもそも、古い人骨から得られる塩基配列のデータはとても短い。にもかかわらず、ネアンデルタール人のDNAの中から、非常に似ているであろう現代人のDNAを確実に見分ける方法があるのだろうか。数百万年前に分岐したとされるヒトとチンパンジーでも、核DNAの塩基配列の約99%は共通であるといわれているのに。

論文を見て、これらの疑問がただちに頭をよぎった私は、第一印象として、これは単に、ネアンデルタール人のDNAが現代人のDNAによって汚染されただけの話ではないかと思ってしまったのだ。古人骨から、現代人によって汚染されていないDNAを抽出することが、いかに大変かを考えてみよう。

これまで、古人骨の分析の大多数はミトコンドリアDNAで行われてきたので、これを例に説明すると、研究室に骨が届くまでの間に、発掘や運搬、保管など、さまざまな場面で現代人のDNAが付着している可能性が高い。DNAはわずかな指紋やくしゃみ、会話の際に飛散する唾液の飛沫にも含まれている。細心の注意を払ったはずの実験でも、どこかで混入してしまってサンプルが台無しになったという経験は、多くの研究者がもっている。

そこで、到着したらまず、骨表面の洗浄操作をしたあと、塩素系漂白剤などを用いて現代人のDNAを破壊するとともに、表面を削りとる。そして、汚染がないと思われる骨の中央部を脱灰し、DNAを溶解させて回収する。

同時に、発掘や整理、DNA抽出および解析など、それまでの作業にかかわったすべての人間のDNAを採取し、並行して解析する。もし古人骨のDNA解析の結果、いずれかの人と同じタイプのものが得られたときは、汚染の可能性ありと判定され、多くはデータから除外される。誰のDNAとも一致しないタイプが得られたときに初めて、古人骨からのDNAが解析できたと判断することができる。しかも、さらに慎重を期して、２ヵ所以上の研究室で同じ結果が得られることが求められるのだ。

そこまでして汚染を警戒する必要があるのは、次のような理由からだ。現代人の塩基配列をPCRで増幅する場合であれば、他人のDNAが量にして２％混入して汚染されたとしても、98％は目的の塩基配列を示すことから、２％はノイズとみなすことができ、結果には影響しない。ところが、古人骨のような高度に分解されたDNAを扱う場合には、わずかしかDNAが残っていないため、ごく微量の現代人のDNAが混入したとしても、新鮮なそちらのほうが優先的に増幅される危険性が高いのだ。

つけ加えれば、ネアンデルタール人の分析に使用された次世代シーケンサーは、そこに存在するDNAは残らず読んでくれる。大部分はカビや細菌などの微生物のDNAであり、それらを除外しながら、注意深くネアンデルタール人の配列を探すわけだが、ネアンデルタール人のDNAはずたずたに分解されているため、きわめて微量の現代人のDNAが混入したとしても、無視できない立派なデータになってしまうだろう。

じつは問題のネアンデルタール人からは、女性であるにもかかわらず、男性にしか存在しないはずのY染色体DNAが見つかっている。これは、もっともらしい理由をこしらえるより、サンプルを触ったりDNA抽出にかかわったりした現代人男性のDNAによって汚染されたと考えるほうが、自然ではないだろうか。

もちろん研究の当事者らも、データの解釈には細心の注意を払っただろうし、汚染にも気をつけたに違いない。しかし、素直で善良な科学者はすぐに信じても、私のようなひねくれ者は、この程度の証拠ではまったく納得できない。仮に、遺跡から見つかった5000年前のクマの骨のDNAを調べて、われわれと同じ塩基配列が見つかったら、誰もがDNAの汚染と考えるだろう。ところがなぜか、ネアンデルタール人には非常に甘いのが、大いに不思議である。

以上から、ネアンデルタール人の血が現代人にも流れていると結論づけることは、現時点では早計であり、DNAの死後変化の問題と、汚染の問題の両方が解決しないかぎり、事実は明らかにならないと考える。

いまやDNAの分析技術の超高感度化により、微量のDNAからでも塩基配列が読めるようになった。それは裏を返せば、従来では考えられないような汚染まで拾われてしまうということでもある。結果の解釈にこれまで以上の慎重さが求められる時代になったのだ。

汚染源はどこだ？

同様に、現代人のＤＮＡによる汚染を誤って解釈してしまったのではないかと考えられる事例が、ほかにもある。

中国科学院や東京大学などの日中共同研究グループは２０００年に、山東半島の同一地域の遺跡から見つかった多数の古人骨のミトコンドリアＤＮＡの分析結果を発表した。それは驚くべきことに、２５００年前（春秋戦国時代）の人骨はヨーロッパ集団に近く、２０００年前（前漢末期）の人骨は中央アジアの民族に近い、というものだった。もちろん現代の住民のＤＮＡは、単なる中国人のものだった。

この結果をうけて研究グループは、かつて中国には多くのヨーロッパ人が住んでいたと発表したが、中国の歴史学者や考古学者からは「そんなはずはない」と猛反発があった。この遺跡からはヨーロッパ的な遺物は何一つ出土していないというのが、反論の根拠である。しかし、ＤＮＡを分析した共同研究者の一人は「真理は一つである」と言い切っている。

私はこの事例もやはり「現代ヨーロッパ人のＤＮＡによる汚染」で説明できると考えている。ただし、この発掘ではＤＮＡの抽出や運搬、分析などの作業はすべてアジア人がやったので、直接にかかわった人間はすべて「シロ」である。ここに、ちょっとしたミステリーがある。

では、汚染源はどこにあるのか。私の見立てでは、PCRの試薬やDNA抽出キットが怪しい。これらには、ごく微量だが人間のDNAが混じっていると考えたほうがよい。もちろん、それなりの設備で生産されているにせよ、製造しているのが人間であるかぎり、DNAの汚染を完全に除去することはほぼ不可能といえる。そして、これらの試薬や実験資材の製造にあたっているのは、ヨーロッパ人である率が高いのだ。

2500年前のDNAは、古人骨からはほとんど回収できなかった。そのため多くのサンプルでは、試薬を汚染したヨーロッパ人のミトコンドリアDNAの配列が読まれて、これが古人骨のデータだと信じられてしまった。ところが、2000年前のDNAはほどほどに回収できたので、中国人とヨーロッパ人のデータが半々くらいに得られ、結果として中央アジアの集団に近い結果となった。このように考えるとなんの違和感もないが、いかがであろうか。

では、なぜ従来はこのようなことが大きな問題になってこなかったのだろうか。それはやはり通常のDNA鑑定と違って、DNAがあるかないかもわからないような古人骨は、ごくわずかの汚染が検査結果に直結するレアケースだからだろう。

研究グループの面々は素直すぎたのか、汚染だとは疑わなかったようだ。論文発表直後に私は、彼らに確認のための協力を申し入れたが、間違いを指摘されることを嫌ってか、実現しなかった。いまとなっては彼らも、データの不自然さに気がついているかもしれないが。

なお、さきに述べたネアンデルタール人の場合も、DNAが試薬や実験資材に汚染されている可能性も否定できないことをつけ加えておく。

もっとも、中国とヨーロッパは同じユーラシア大陸の両端にあるので、中国人からヨーロッパ人のミトコンドリアDNAが見つかっても不思議ではない。たとえばモンゴル人のミトコンドリアDNAを分析すると、ヨーロッパ人のタイプが無視できないくらい存在するし、現在の中国人からも、日本人と比較して高率に見られる。当時はミトコンドリアDNAの分析しかできなかったが、現在は次世代シーケンサーの時代であり、同じサンプルを分析すれば、ミトコンドリアDNAの全配列や、Y染色体や常染色体の多くのゲノムを分析できるので、両者の混血の程度までわかってしまう。研究グループには、早く汚染の疑いを晴らしていただきたい。

章の後半は縄文人の話からかなり逸れてしまったが、高い客観性をもち、その結果には疑いをはさむ余地がないように受けとめられていることが多いDNA鑑定にも、条件しだいでは落とし穴があることがおわかりいただけたかと思う。たしかに、DNA鑑定には意外な真実まで明らかにしてしまう威力がある。しかし、結果を全面的に信用してしまう態度には、いくつもの危険性が潜んでいるのだ。

人類の起源をめぐる論争と私見

この章の最後に、人類の起源についても私なりの考えを少し述べてみたい。

アフリカが現在のすべての人類の発祥の地であることを疑う人は、いまでは少なくなった。しかし、はじめのうちは多くの人類学者は、アフリカを出て各地に進出した原人は、ネアンデルタール人がヨーロッパ人に、ジャワ原人がアボリジニーに、北京原人がアジア人になるなど、それぞれの地域で個別に進化した、と考えていた。これを「多地域進化説」という。

ところが、前述したキャンらが、ミトコンドリアDNAの分析によれば、人類の祖先は約20万～10万年前にいた一人の共通祖先に由来するという「イブ仮説」を発表して、すべての人類はアフリカにただ一つの起源をもつという「アフリカ単一起源説」を唱えてから、形質人類学者と進化学者との間に熾烈な論争が巻き起こった（図5－6）。その後、さまざまなDNA部位が分析された結果、7万年くらい前にアフリカを出た、ただ一つの人類の起源が、世界に広がったとするアフリカ単一起源説を疑う人は少なくなった。

しかし私は、この論争にはまだ決着がついたわけではないと考えている。その理由としては

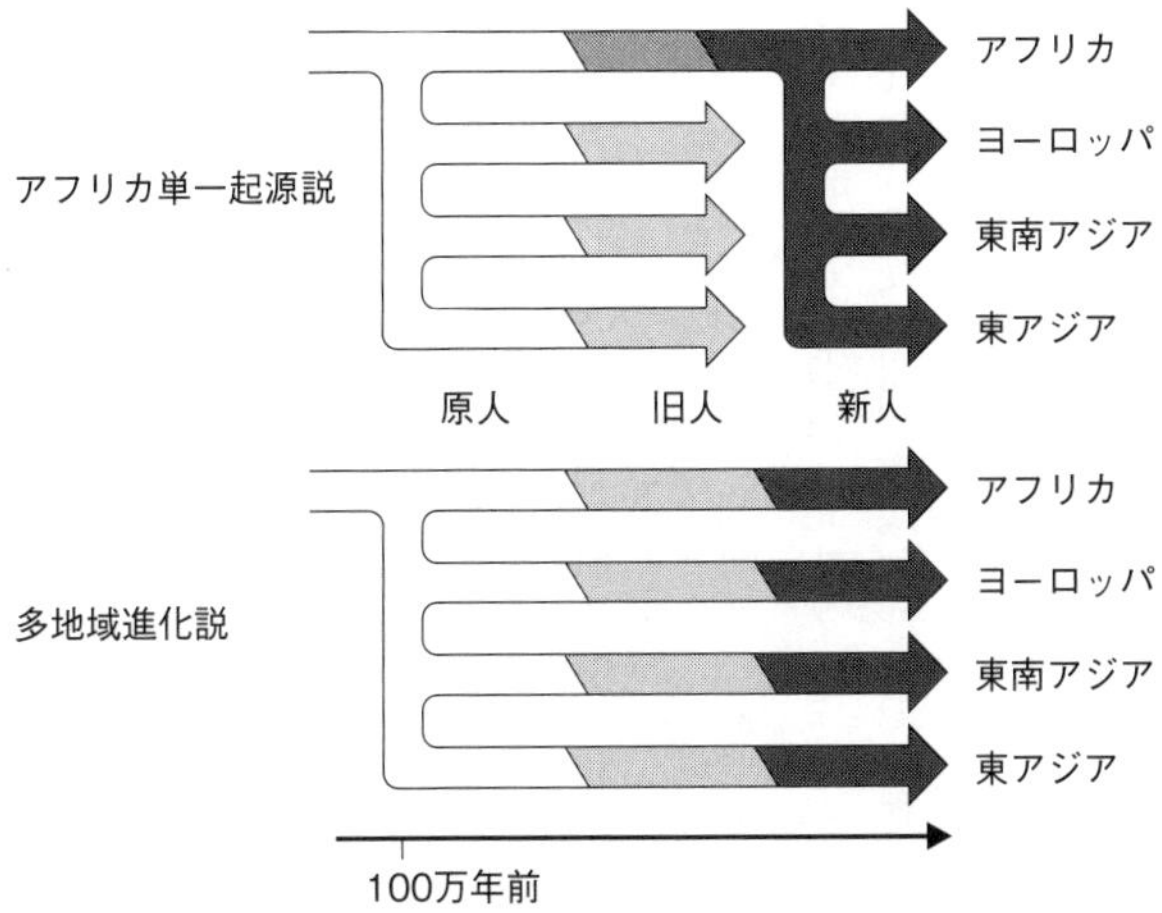

図5－6　多地域進化説とアフリカ単一起源説

まず、根拠のある年代として唯一信頼できる放射性炭素年代測定では、4万～5万年が測定限界であり、それ以前の原人の骨の多くは正確な年代が測定できていないことがある。また、4万～5万年前のDNAの塩基配列はほとんど検出できず、できても古すぎて信頼性が低い。

さらに、分子時計の説明でも述べたように、DNAから導き出された年代は、さまざまな仮定の上で推測された値でしかなく、正確な値は誰にもわからないのである。突然変異が多いか少ないかは、系統にも少なからず依存しているので、分岐年代の2倍ほども違っていても、誤差の範囲であろう。

真実にたどりつくことは、進化学者、形態

人類学者、考古学者などの英知を集めても、なかなか難しいかもしれない。

ある少人数からなる複数の集団が、長年にわたって隔離されたら、いずれはDNAで簡単に区別できる集団に変化することは理解しやすい。たとえば日本人とアメリカ先住民とは、ミトコンドリアDNAのハプログループは同じなのだが、1万年近く互いに隔離されているので、より下位のハプログループで比較すると異なっていることが多い。

とはいえ、最初の人類がアフリカを出て、ヨーロッパ、アジア、オセアニアといった世界の各地域に拡散してから、7万年ほどが経っているにもかかわらず、ミトコンドリアDNAやY染色体のハプログループを検査すると、いまだに母系と父系の出身地が比較的簡単にさかのぼれてしまうのは、私には不思議に思えてならない。

たとえば、シベリア抑留者の墓地をDNAで調べると、ヨーロッパ人の墓地と簡単に区別できる。南方の遺骨も、東南アジアやパプアニューギニアの住民と日本兵の区別は容易である。これだけの長い間、地域どうしで移動と混血を繰り返しているのだから、もっと複雑に入り組んでいてもよさそうなものではないか。そうならないのは、やはり人類には地域ごとに、なんらかの特殊性のようなものがあるからではないだろうか。このあたりに、人類進化のカギが隠されていそうな気がするのである。

第6章 DNA鑑定で迫る生物の謎

第5章でもみてきたように、私たちの体には「祖先」のDNAが組み込まれている。祖先とは、縄文人でもあり、最初にアフリカを出発して世界に旅立ったホモ・サピエンスでもあるが、究極には、すべての生物の原点となったある共通祖先にいきつく。

生物たちはそこから、悠久の時間とともにDNAの遺伝情報のごくわずかな間違いを蓄積し、今日のように多様な種に分化した。私たちのDNAには、その過程が刻み込まれている。「はじめに」でも述べたように、「一個の細胞は一つの小宇宙である」といわれる所以《ゆえん》である。

ここからの道は、人類という種を超えた生物の謎に、DNA鑑定がどこまで迫れるのかをみていこう。

さかなクンの「お手柄」

2010年の暮れに、衝撃的なニュースが飛び込んできた。秋田県の田沢湖で1940年ころに絶滅したといわれていたクニマスが、山梨県の富士五湖の一つの西湖《さいこ》で見つかったというのだ。

クニマスはサケ科の淡水魚で、世界で田沢湖だけで存在が確認されていた。かつては多数生息しており、さかんに漁が行われていたという。ところが、近くを流れる玉川は強酸性の水質で、下流で稲が生育不良を起こすなど農業被害が著しかったため、玉川の水を田沢湖に導入して中和する施策がとられ、工事が行われた。その結果、田沢湖の水が強酸性となり、あらゆる水生生物とともに、クニマスも姿を消した。太平洋戦争開戦前年の1940年のことだった。当時は尾瀬をダムにする計画も持ち上がっていたほどで、生産性を高めるためには自然環境はいとも簡単に破壊された時代だった。

環境省が作成しているレッドデータブックで「絶滅」に指定されたクニマスが、西湖で発見されるきっかけをつくったのは、魚類学者、というよりタレントとしての活躍が有名な、さかなクンだった。それは次のような経緯らしい。

プロのイラストレーターでもあるさかなクンは、京都大学教授（当時）の中坊徹次《なかぼうてつじ》氏（現・同大名誉教授）の依頼で、「幻のクニマス」のイラストを描くことになり、クニマスに外見が似たモデルとして、西湖に生息するヒメマスを取り寄せた。ところが、どうも体色が黒っぽく、ヒメマスとは違って見えた。「もしかしたら、これはクニマスでは？」と思ったさかなクンが中坊氏にその個体を見せると、中坊氏も、クニマスに似ているので驚いたという（「ギョギョギョ」と言ったかどうかはわからない）。そこで、中坊氏ら京都大学のチームが詳細に検討したところ、西湖の個体は内部形態・外部形態とも、ホルマリン標本として残っている田沢湖のクニマスに近いことがわかり、産卵時期などの調査結果からも、クニマスと認められると結論づけられた。じつは西湖には戦前、田沢湖のクニマスの受精卵が移入されたことがあり、この個体は、その子孫が生き残っていたものと考えられたのだ。

この「大発見」については日本魚類学会の英文誌に詳細な報告がなされ、メディアもまた、「快挙」「奇跡」といった言葉を躍らせて、大々的にこれを報じたのだった。

求む！　クニマスのDNA

さて、このニュースに接したときに私が何を思ったかは、みなさんはもうおわかりだろう。西湖で見つかった「クニマス」は、本当に戦前に放流されたクニマスの卵の子孫なのかどうかが、無性に気になりはじめたのだ。

たとえば、クニマスに似ているヒメマスは、西湖には毎年多数が繰り返し放流されている。田沢湖のクニマスは深いところを好んだが、西湖も水深は71・7mと深い。放流されたヒメマスの1系統が、深い湖に適応して、短期間でクニマスと同じような形態に収斂《しゅうれん》したという可能性も、排除することはできないのではないか。そのような、さまざまな可能性については検討されたのだろうか、と。

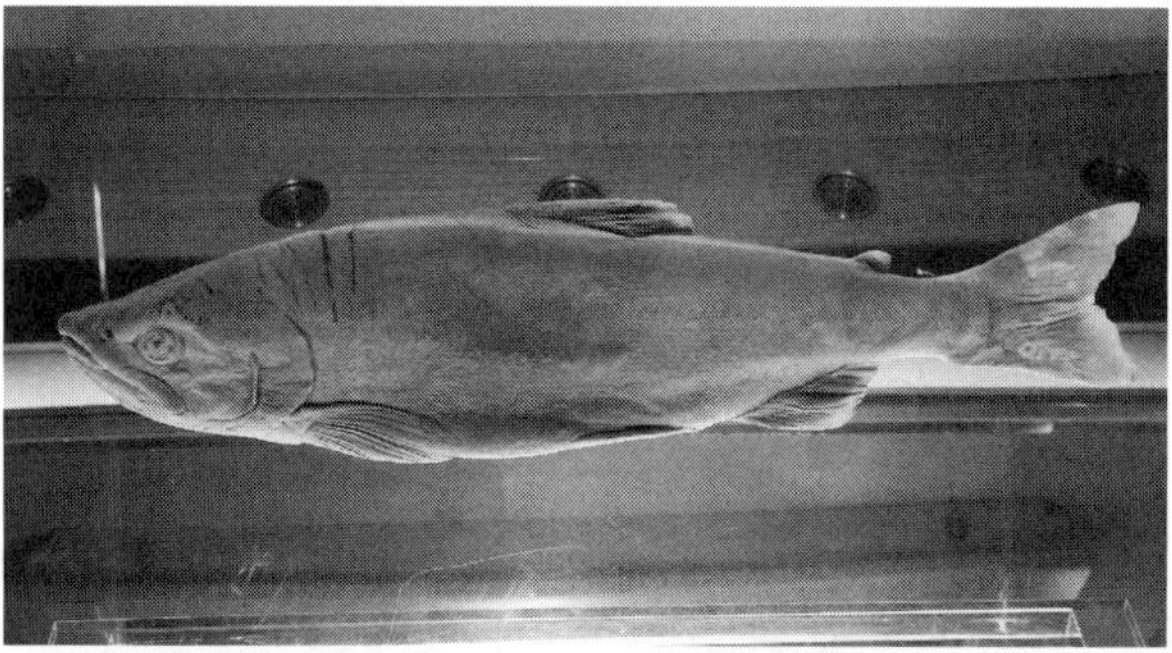

図6－1　クニマス（滋賀県立琵琶湖博物館）

西湖の「クニマス」が、田沢湖のクニマスが産んだ卵からかえったクニマスであると証明するための最も確実な方法は、ＤＮＡ鑑定だろう。しかし、西湖の「クニマス」からさまざまな塩基配列が得られても、それを田沢湖の本物のクニマスと比較しないかぎりは、同じかどうかは論じようがない。では、絶滅したクニマスのＤＮＡが、どこかに現存しているものだろうか。私はあれこれと頭をめぐらせた。

田沢湖のクニマスが「ホルマリン標本として残っている」と、さっき書いていたじゃないかと気づいた読者は鋭い。しかし、残念ながら、それではだめなのだ。

博物館や学校の理科室に並んでいる、液に浸した生物の標本は、アルコールかホルマリンに漬けられているが、標本にするときにどちらに漬けるかは、あまり気にされないことが多い。ところが、ことＤＮＡ鑑定においては、どちらの液かで大違いなのだ。

たとえば、メバルのアルコール標本は、アルコール分を飛ばせば煮付けぐらいにはなるかもしれない（もちろんエチルアルコールに限る）。だが、ホルマリン標本は煮ても焼いても食べられない。アルコール標本はタンパク質が不溶化されているだけで、アルコール濃度が薄くなると再びタンパク質は溶けだすが、ホルマリン標本は、ホルマリンのアルデヒド基がタンパク質のアミノ基などと結合し、タンパク質を固定してしまうからだ。つまり、標本の形態を長く保つにはホルマリンのほうが適している。

ところが、ホルマリン溶液はＤＮＡのアミノ基とも反応して、アミノ基を切断してしまうため、ＤＮＡの破壊を進行させる。したがって長期間保存されたホルマリン標本では、ＤＮＡ鑑定は不可能になってしまうのである。

田沢湖にクニマスが豊富に生息していたのは、１９５３年にワトソンとクリックがＤＮＡの二重螺旋構造を発見するよりもずいぶん前のことだ。魚の標本といえば形態を保存することが最優先で、ＤＮＡを保存するなどという発想もなかった。だからしかたがないのだが、70年以上も経過したホルマリン標本のＤＮＡ鑑定は、現在の技術では１００パーセント不可能である。

どこかでクニマスの干物、燻製、骨などが保存されているのが見つかれば、あるいはＤＮＡ

鑑定ができるかもしれない。だが、現実的にはその望みはかなり薄いだろうし、干物のような加工品になれば、いつどこで捕獲されたかという来歴が曖昧になりがちだ。

あれこれと考えているうちに、ふと、魚拓はどうだろうか、と思い至った。幼いころは釣り好きの親戚の家で、大きなクロダイやスズキの魚拓が飾ってあるのをよく見たものだ。魚拓の作成時には、最初に魚の体表の粘液はふき取られるが、鑑定に十分な量のＤＮＡは、転写された紙の上に残っていると考えられる。できたあとはすぐに乾燥させるのも、ＤＮＡの保存には好都合だ。魚拓のＤＮＡを抽出して塩基配列を読むことができれば、西湖の「クニマス」との比較が可能になり、解明に向けて大きく前進するだろう。

資料館や地元の旧家など、どこかにクニマスの魚拓は残っていないものだろうか？

西湖での発見から10年近くがたつが、田沢湖のクニマスのＤＮＡが得られたという話は聞こえてこない。西湖の「クニマス」については、本当にクニマスかどうかを検討するため、短い繰り返し配列であるＳＴＲを用いたＤＮＡ鑑定が行われている。ただし、ＳＴＲは個体識別には非常に有効だが、「種」の識別にはあまり役立たないことが多い。そもそも、本来のクニマスのＤＮＡがわからずして、確かな鑑定はできない。

言うまでもないことだが、私は決してこの「発見」にいちゃもんをつけたいわけではない。

西湖の「クニマス」が正真正銘のクニマスである可能性は、十分にあると思っている。ただ、せっかくの「クニマス復活」を、可能性だけではなく科学的に立証したいだけなのだ。

現時点で確実にいえるのは、「西湖には、形態や生態がクニマスと近いことから、クニマスの生き残りである可能性があると考えられるヒメマスの一群がいる」ということだけである。

いつのまに「種」になったのか?

ところで、この西湖の「クニマス」のことでちょっと不思議に思ったのは、種についての扱いである。私がもっている1963年発行の『原色日本淡水魚類図鑑』(保育社)では、クニマスの学名を*Oncorhynchus nerka kawamurai*としていて、ベニザケの亜種とみなしている。ところが、京都大学チームが発表した論文では*Oncorhynchus kawamurai*と、クニマスは独立種に格上げされていた。私には、クニマスをベニザケから分離して、独立した種に格上げする根拠は乏しいように、思われた。

ここで、ご存じの読者も多いだろうが、知らない方には少しややこしい話をすると、ベニザケとヒメマスは、同じ魚である。ベニザケは食用魚としては一般的なサケだが、その生活史は特徴的で、孵化してから幼魚期までは湖で暮らし、成長すると川を下って海に出て、おもに北太平洋を回遊する。その後、産卵のために戻り、故郷の川を遡上する。ところが、ベニザケの中には成魚になっても海へ下らず、一生を淡水魚のままで過ごすものもいる。こういう魚を「陸封型」という。そして、ベニザケの陸封型のことを、ヒメマスとよんでいるのだ。『原色日本淡水魚類図鑑』がクニマスを「ベニザケの亜種」としているのは、クニマスもベニザケの陸封型とみているからと考えられる。これには、同じタイヘイヨウサケ属のサクラマスとヤマメの関係が大いに参考になる。

川で孵化したヤマメのメスは、東北地方では海に下って成長し、大型のサクラマスとなって春に川を遡上する。そして、ヤマメの姿のまま川で待っていたオスとともに、秋に産卵する。ところが日本の南方では、水温が高いのが理由なのか、メスも海に下らず、雌雄とも陸封型となるのだ。それが西日本に棲むアマゴ、ビワマスや、台湾の渓流に棲むサラマオマスとよばれる魚である。つまり、分布の南限に近づくほど陸封される傾向がある。そして、ヤマメやアマゴなどの陸封型の魚は、すべて「種」サクラマスの「亜種あるいは一形態」として扱われているのだ。

同じような関係が、ベニザケとクニマスについてもありそうだ。ベニザケは、サクラマスよりも北方系の種で低い水温に適応しており、北海道の川に遡上することはあるが、東北の河川ではまず見られない。氷河期が終わった約2万年前以降の、気候が現在よりも寒冷だったころには、秋田県の雄物川《おものがわ》を遡上したベニザケが田沢湖にたどり着き、そこで産卵を繰り返していたことだろう。そのうち気候が暖かくなり、海に下ることができなくなった集団が田沢湖に陸封され、さらに餌を変えることで水深の深いところに適応したものが、クニマスへと進化したことは想像に難くない。当初は当然、ヒメマスのように浅い場所に生息する集団もいたと考えられるが、夏季の水温の関係か、あるいは比較的浅いところを好むウグイなどの魚種との競合によって消滅したことが考えられる。

こうして、ベニザケの陸封型としては世界で最も南に棲む魚であるクニマスが、田沢湖で誕生した。東北にはほかにも十和田湖などの内陸の淡水湖があるなかで、田沢湖だけに残ったのは、田沢湖の水深が日本で最も深いこと、すなわち水温が低く安定していたことと無関係ではないだろう。

このようなクニマスの来歴を考えたとき、「世紀の発見」のお祭りのなかでクニマスがいつのまにか種に格上げされたようにも私には思えるのだ。

ただし、これから西湖の「クニマス」の解析が進み、もし、各地のベニザケあるいはヒメマスのミトコンドリアＤＮＡの全塩基配列と比較して、塩基の差異が１％以上あり、しかも中間のパターンが存在しないならば、ベニザケの亜種ではなく独立種の可能性が高いことの傍証にはなるだろう。

そもそも「種」とはなにか

この「クニマス」の例からも窺えるように、生物の「種の同定」（生物の種を決定すること）には、整合性に欠ける面があることは否めない。現在では世界で200万ほどの生物種が知られていて、いまも「新種」が次々と見つかっているが、そもそも、種の認定を行うような国際的な機関は存在しない。「新種を発見した」と思ったら、それが本当に新種かどうか、文献や専門家にあたって「お墨付き」をとる必要はあるが、そのあとはタイプ標本（学名の基準として指定された標本）を参照しながら学名をラテン語で命名し、専門雑誌などに論文を投稿して印刷物として公表されれば、新種として登録できるのである。

最近の「新種発見」についての報道では、DNA鑑定が裏づけとされることが多くなってきた。近縁の種類とのDNAを比較すれば客観的に見えるし、分岐年代の推定もある程度は可能なので、万人を納得させやすいからだろう。

ただしDNA鑑定においても、近縁種と比較したときにDNAの塩基配列がどのくらい異なっていれば別の種類とする、といった明確な基準が存在しているわけではない。

動物では、ミトコンドリアDNAの遺伝子をコードしている領域で塩基の2%が異なっていれば、別種の可能性が高いとされるが、動物によっては、明らかに別種であるのに、サンゴのように驚くほど差異の少ないグループもある。このような動物は、ミトコンドリアDNAの突然変異を修正する修復機能が優れているのかもしれない。

また、植物の葉緑体DNAでは、種による塩基配列の差異は、動物のミトコンドリアDNAの差異より明らかに少ない。そのため、葉緑体DNAの塩基配列情報は、種を識別する基準にはなりにくいことが少なくない。

種を考えるうえでの最大の問題は、そもそも「種の定義」が明確ではないことである。

ごく大づかみに種のなりたちをみれば、スウェーデンの博物学者カール・フォン・リンネが同じ形質をもつ生物を分類し、名前をつけて体系化した『自然の体系』を1735年に発表したのがその嚆矢といえる。そしてリンネの「形態」にもとづく分類体系に、「進化」という視点を導入して理論的な説明を与えたのが、1859年に『種の起源』を著したイギリスの地質学者であり生物学者のチャールズ・ダーウィンだった。

しかし、その後の相次ぐ発見によって、生物の種は、彼らの想定よりもはるかに多様であることがわかってきた。これまでに提唱された最もわかりやすい種の定義は、20世紀にドイツ生まれの米国の生物学者エルンスト・マイアが主張した「交配して生殖能力のある子孫ができる集団」というものだろう。つまり、交配してできた雑種どうしで子供ができなければ別種ということになる。だが、その後も無限とも思われる生物種が見つかっているいま、この基準だけで種を再検討するのはほぼ不可能であろう。たとえば植物の世界では、種間雑種がよくできることがわかってきた。実際にはラン科の園芸品種では、属間雑種もよく利用されている。また、この定義に従うならば、もし現代人にネアンデルタール人の血が入っているのであれば、ネアンデルタール人は独立種からヒトの亜種扱いに格下げされなくてはならない。

現実には、形態的に近縁種と少しの違いが認められ、地理的隔離などが存在すれば、多くが新種として認められてきている。学名の基礎となる「属」や「科」の基準さえ全体として統一されていないことも、種の混乱に拍車をかけている。

今後は、外部形態の詳細な観察と、次に述べるＤＮＡからみた分子系統樹なども参考にしながら、生物界全体で分類の見直しを進めなくてはならないだろう。ただしそれでも、性をもたない細菌などの生物群の問題がある。性がなければ、有性生殖のような遺伝や進化もなく、通常の種の枠組みがあてはまらない。つまり、生物全体に通用する種の定義をつくることは不可

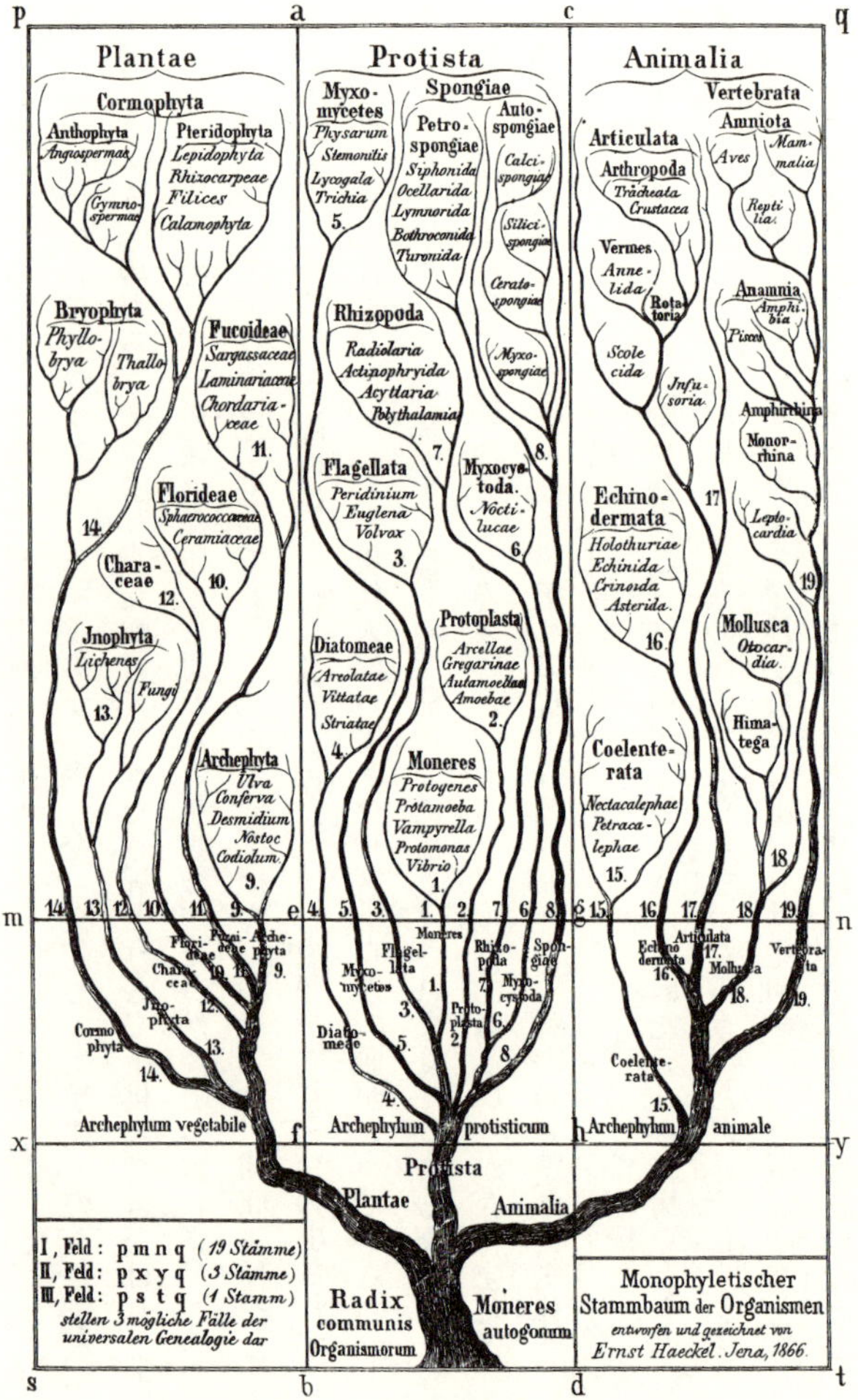

図6－2　ヘッケルが考案した系統樹
幹の根元が生物の共通祖先で、左から順に植物界、原生生物界、動物界に枝分かれしている

能なのである。

分子系統樹の効用と限界

１８７４年、ドイツの生物学者エルンスト・ヘッケルは、ダーウィンの進化論に感銘をうけて、さまざまな種が進化してきた系統を表す樹木のような図を描き、これを「系統樹」（図６−２）と名づけた。系統樹は、生物種の類縁関係が直観的に一望できる便利さから、その後も生物学上の発見を反映して修正が加えられながら、より精度の高いものになっていった。

現在では、地球上の生命は約40億年前に誕生したと考えられている。そして、アミノ酸の遺伝暗号がほぼ全生物で共通することから、あらゆる生物はたった一つの生命体から進化したと推定されている。この共通祖先を「コモノート」という。したがって系統樹の原点は約40億年前のコモノートである。生物はそこから、原核生物→真正細菌→古細菌→原生動物→植物→菌類→動物の順に誕生したと現在は考えられていて、系統樹にはそれぞれの進化の枝分かれが描かれ、現生の生物はすべて末端に位置している。

こうした系統樹は、形態や生態などをくわしく調べ、さまざまな要素を比較して描かれてきたが、分子生物学の発展によってＤＮＡの塩基配列の情報集積が進むにつれ、より客観性が高いと思われる「分子系統樹」が描けるようになった。

共通祖先コモノートは、どれも同じ塩基配列をもっていたはずである。しかし、時間の経過とともに、塩基が置換されるような突然変異が蓄積されてゆく。近縁のいくつかの種の塩基配列を比較してみると、突然変異の数の違いから、種がどのような順番で分岐したのかを推定することができる。塩基配列に突然変異が多いほど古く（祖先に近く）、少ないほど新しいはずである。そこで現生の多くの生物の塩基配列を、古いほうを選んでトーナメント表のように遡っていくと、理論的には、共通祖先であるコモノートの塩基配列にたどりつく。これが分子系統樹の基本的な考え方である。

現実には、約40億年のあいだに、塩基配列には塩基置換のほかにもさまざまな変化が生じているはずなので、コモノートの塩基配列までは知ることができないが、もっと時間スケールが短い場合には推定は可能である。その一例が、現代人の多数の塩基配列のデータと、チンパンジーなどのそれとを比較することにより、人類の最初のミトコンドリアDNA（ミトコンドリア・イブ）のおよその全配列が推定されたことだ。

現在では分子系統樹が示す生物の種間の関係や、分岐の順序や年代などについて、コンピュータによって効率的に塩基配列の解析が進められ、膨大な情報が得られてきた。これは分子生

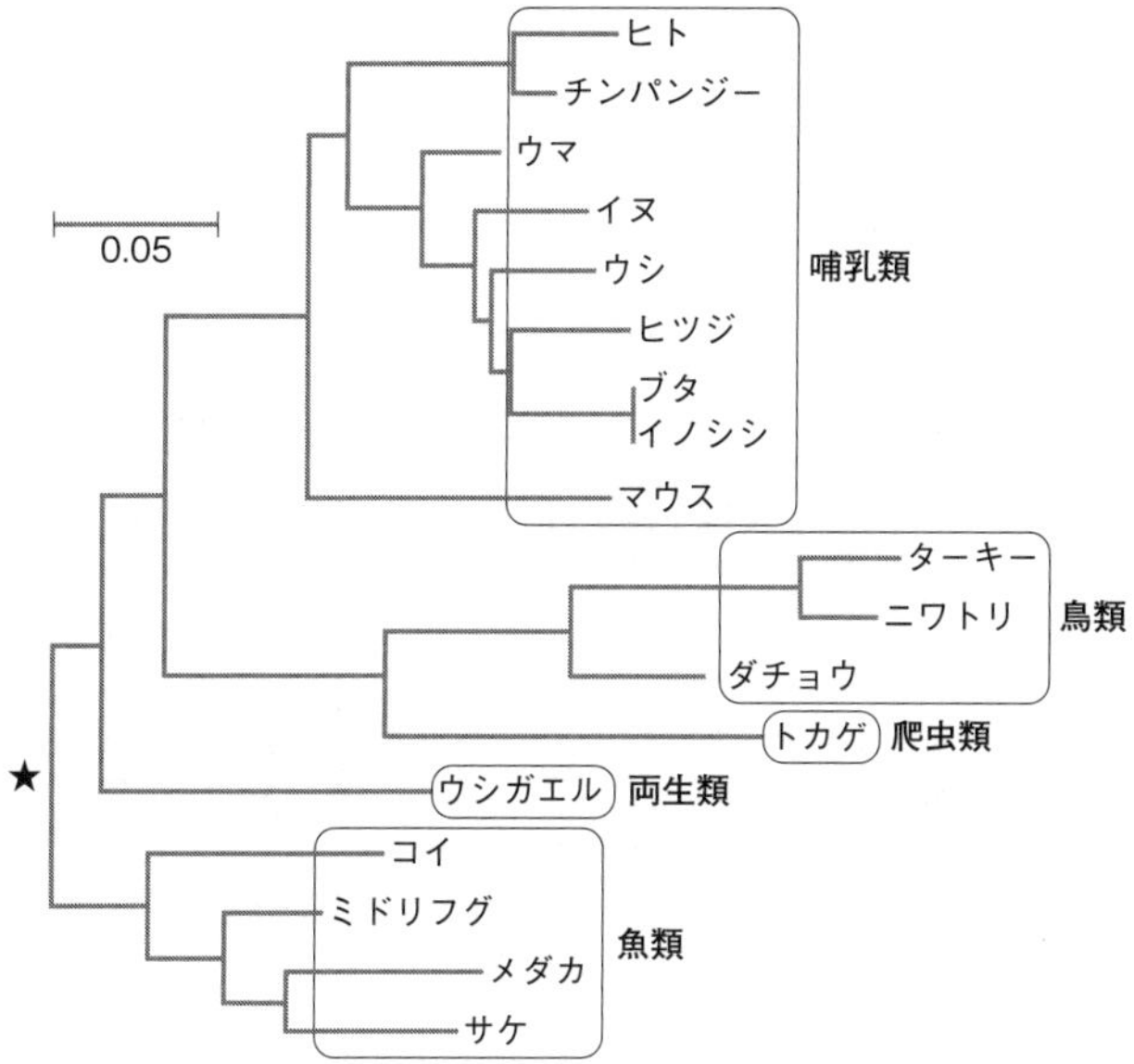

図6－3　ミトコンドリアDNAの12Sからみた分子系統樹
脊椎動物のもの。バーの0.05は遺伝距離で、５％の塩基の違いを示す

物学の大きな成果である。

分子系統樹の例を示そう。図６－３はミトコンドリアＤＮＡの12Ｓという部位の塩基配列に注目した脊椎動物の分子系統樹だ。生物間の水平（横）方向の距離を「遺伝距離」とよび、距離が大きいほど塩基の違いが大きい。垂直（縦）方向の距離は無視する。種の関係や分岐の順序が、とても客観的に示されている。

しかし、じつは分子系統樹にも厄介な問題がある。それは水平方向の枝が同じ長さではないことだ。現生の生物はすべてコモノートの末裔だから、すべて同じ長さの時間を生きているはずである。にもかかわらず枝の長さが違うのは、それぞれの種の突然変異率が同じではないことを意味している。たとえば図6‐3では、ニワトリとコイが分岐したのは左端の★のところである。その後、両者は同じ時間を生きてきたにもかかわらず、★からの水平距離は、ニワトリのほうがかなり大きくなっている。恐竜の子孫とされる鳥のほうが、古代からあまり形態が変わらない魚より変化が急激だったであろうことは想像できるが、これだけ突然変異率に違いがあると、客観性にも疑問が生じてくる。

分子時計には突然変異率が確定できないという問題があることを第5章で述べたが、分子時計の手法を採り入れている分子系統樹にも、同じ問題がつきまとうのだ。

とくに塩基配列が生物にとって有用なアミノ酸をコードしている場合、突然変異で塩基置換が起こると、生体機能が維持できなくなって個体が死亡し、結果的に種が淘汰されることも多く、分子時計には誤差が生まれやすい。したがって、ほとんどの配列が「意味」をもっているミトコンドリアDNAは分子時計としては使いにくく、アミノ酸をコードしていない一見むだなDNAの塩基配列のほうが、まだしも突然変異が時間に比例しやすいと考えられている。

このように、種の同定や解明については、DNAによる分子生物学的なアプローチだけでは限界がある。やはり、「形態」の観察が車の両輪の片方として必要なのだ。それは、熟練が求められる技術でもある。たとえば、われわれは見慣れている日本人の顔を見分けることはさほど難しくないが、ニホンザルの個体を顔だけで確実に識別できるようになるには、長い経験を要する。だが世界中で分子生物学が隆盛ないま、地道な形態学者は冷遇されている。博物館や大学では形態学を専門とする研究者は激減し、いまや絶滅の危機にさらされている。

分子系統地理学の成果

スーパーコンピュータをガンガン動かす分子生物学と比べれば、戦車と竹槍ほどの違いがあるかもしれないが、地道なＤＮＡ鑑定でも、これまで同種とされていたものの中に複数の種が見つかったり、逆に別種とされていたものが一つの種に統一されたりと、ささやかながら成果をあげてはいる。

国内の例をあげれば、たとえば、チョウでは西日本にいるシルビアシジミの中から、沖縄に分布するヒメシルビアシジミという種が独立し、メダカは日本海側のキタノメダカと太平洋側のミナミメダカに分けられ、さらにゲンジボタルも、中部地方のフォッサマグナを境に、２つの種に分けられようとしている。今後も、このような事例はたくさん見つかるだろう。

一方で、ある生物の塩基配列を日本周辺と国外で比較することで、その生物の外部形態からは窺い知れなかった過去の移動経路などが推定できるようになった。

チョウのミトコンドリアDNAの分析では、キアゲハ、カラスアゲハ、モンキチョウの塩基配列はどれも、日本国内ではほとんど差異がないので、一つのある系統が日本中に広がったことがわかる。そして、これと同じタイプの塩基配列が国外のどの地域に分布しているかがわかれば、日本までの渡来ルートを推定できる。

また、2万年ほど前の北海道はサハリンやロシアと陸続きだったので、サハリンに固有の生物は少数しか知られていないのはうなずける。朝鮮半島と日本も陸続きの時期が短くなかったので、朝鮮半島の固有種も決して多くはない。日本列島を見渡すと、チョウのような飛翔力の強い生物では固有種は多くないが、飛翔力が弱い、あるいは飛べない昆虫では多くの固有種が知られており、日本列島はそれなりに隔離された環境におかれていたことがわかる。ただし琉球列島では、ヤンバルクイナやアマミノクロウサギなど、面積の割には比較的多くの固有種が知られている。これは大陸と陸続きだった時期が古かったことを反映しているのだろう。

このような学問を「分子系統地理学」といって、分子生物学におけるおそろしい勢いの技術革新や、網羅的なコンピュータ上の競争に嫌気がさした〝元昆虫少年〟らが中心となり、科学の進歩とは隔離された遊びの世界を嬉々として楽しんでいる。

博物館は「宝の山」か

種を見極めるためにはどうしても、DNA鑑定によってこつこつと生物がもつDNAの塩基配列のデータを集めていくことが必要なのだが、DNA鑑定に適した生物のサンプルにお目にかかれる機会は、そう多くはない。しかし、あるところにはある。こういうことを考える人はあまりいないようだが、私が積極的に利用していきたいと思っているのは博物館である。

博物館には収蔵庫があり、生物や鉱物の標本、あるいは土器などが多数、保管されている。そこでは標本をカビや虫の害から守るために、燻蒸による消毒が定期的に行われている。

さらに、昆虫標本では防虫剤のナフタリンの詰め替えを欠かさず、鳥類や哺乳類の剝製では古い時代には亜ヒ酸によって、現在では別の薬剤によって防腐処理がなされている。

この薬剤の種類によっては、DNAの一部が分解されることがあり、とくに燻蒸に使われる臭化メチルはDNAを大きく破壊するといわれていることから、博物館の利用がためらわれているのかもしれない。しかし、ホルマリンや特殊な薬物が使われてDNAが完全に破壊されたもの以外は、経時変化による劣化はあるものの、DNA鑑定の資料としては致命的なダメージをうけてはいないことが多い。つまり、博物館はすばらしい環境でサンプルが保存されている場所といえるのだ。

ただし、ＤＮＡ鑑定にはどうしても標本の一部を採取しなくてはならない。しかし、外部形態を破壊してしまうことを博物館が簡単に許すはずがない。そこで、昆虫標本であればたとえばチョウ類なら脚、甲虫類なら胸部筋肉、人骨であれば歯の内部などを頂戴して、サンプルとして用いることが多い。

あとは植物の腊葉《さくよう》標本（押し葉標本）も、作製にあたってはとにかく早く乾燥させることが至上命題なので、とてもよいサンプルになりうる。資料をいただくときは直径１〜２㎜のパンチで目立たない部位をくり抜いている。ただし、哺乳動物の剥製で、毛皮の防腐処置・抜け毛止めなどのために酸性の試薬を使っている場合には、ＤＮＡが損なわれるので鑑定に苦戦することもある。

山形県の酒田市で「生きた化石」といわれるカブトエビが見つかり、私の高校の大先輩である生物学者の五十嵐敬司氏から、ＤＮＡ鑑定を依頼されたことがある。

カブトエビは水田などに棲む体長2〜10㎝ほどの甲殻類で、名前に「エビ」とあるがエビの仲間ではなく、ミジンコなどに近い。種が分化したのは2億年ほど前とされるが、そのころの化石と現在の個体で、形態がほとんど変わっていないことから「生きた化石」とよばれる。日本に広く分布しているのはアジアカブトエビだが、鑑定することになったのは形態からみて、ヨーロッパカブトエビだった。この種は当時、国内では酒田市周辺でのみ確認されていたことから、終戦直後に米軍の物資とともに持ちこまれた可能性が高いと考えられた。だが、ヨーロッパカブトエビは世界的にもきわめて稀で、比較すべきサンプルが手に入らない。

ところが、イギリスの大英自然史博物館には、過去100年にわたり収集されたホルマリン標本が多数保管されていることがわかった。ホルマリンはDNA鑑定の大敵であることは前述したが、一縷《いちる》の望みをかけて鑑定の許可を願い出ると、幸いなことに、雌雄同体がもっていた卵が遊離して容器の底に沈んでいるので、それなら使用してよい、とのことだった。

しかし担当者は、古い遊離卵には分析できるDNAは残っていないと考えていたようで、許諾を伝える文書には「分析してもよいが、何もデータは出ませんよ」とのコメントも付されていた。

いざ博物館から届いた資料を用いてミトコンドリアDNAの鑑定を始めてみると、予想に反して、塩基配列は十分に読むことができた。カブトエビのサイズが小さいことからホルマリン固定は短時間で切り上げられ、メチルアルコールに置換されていたため、難を逃れていたようだ。あるいは、卵の内部組織へのホルマリンの浸透が遅かったのかもしれない。いずれにしても、イギリスのすばらしい標本管理体制によって、100年前のDNAは保存状態のよいまま、現在まで残ったのであろう。

こうしてヨーロッパカブトエビの遊離卵のミトコンドリアDNAを鑑定することができ、酒田市の個体の塩基配列と比較した結果、この個体はスコットランドおよびオーストリア産に最も近いことが判明したのである。おそらくこれが、DNA鑑定ができたホルマリン標本としては世界最古の記録だろう。

保存状況や、外部形態の破壊がどれだけ許されるかにもよるが、博物館はDNA鑑定資料の「宝庫」といえる。これが積極的に活用されることは、とりもなおさず、博物館の標本の価値を高めることにもつながるのではないだろうか。

「生きた化石」の不思議

ここで少し、「生きた化石」について考えてみたい。

「生きた化石」(「生きている化石」ともいう)とは、何億年も前に化石として見つかっている個体と、現在の個体とで、外部形態がほとんど変わっていないように見える生物群のことをいうが、とくに学術的な定義があるわけではない。サイズはあまり問題視されず、ごく小さな生物であってもかまわない。「生きた化石」の例として最も有名なのは、さきほどのカブトエビに名前が似ているカブトガニだろうか。ほかにはシーラカンスも知られているが、たとえばムカシトンボ、ミジンコ、イチョウなど、意外にわれわれになじみのあるものも多い。この中で最も古いイチョウの種が分化したのは4億年前、そのほかもかなり古いと考えられている。

「生きた化石」という言葉から、太古の生物があたかも時空を超えてきたかのように、何も変わらずに現在を生きているようなイメージをもつ人が多いが、それは錯覚である。たとえ外部形態は太古のそれと変わっていないように見えても、ＤＮＡは時間の経過のなかでつねに変化しているので、内部のＤＮＡには突然変異が蓄積している。もしＤＮＡの塩基配列を比較することができたなら、太古のものと現生種のものでは劇的に異なっているだろう。つまり「別物」なのだ。万が一、ＤＮＡまでがほとんど同じだったとしたら、それはきわめて突然変異の起こりにくい、常識外の塩基修復機能の持ち主ということになる。もっとも、実際には太古のＤＮＡの塩基配列は誰にもわからないから比較のしようもないわけだが。

そして、このように内部には突然変異を抱えながらも、同じ姿を何億年も保ちつづけることは、一見簡単そうで、じつは非常に難しいことなのだ。そこに「生きた化石」の不思議がある。

ちょうどよい突然変異と流転するDNA

40億年ほど前に生命が誕生してから長らくの間、地球は高熱、高圧、高放射能などのきわめて過酷な環境下にあったと考えられる。現在、極限生物とよばれる超好熱性細菌やクマムシなどは、原始生命の時代の適応力を失っていない、すなわち古い形質を保持しつづけている生物と考えることもできるかもしれない。その後、地球環境が緩和されてからも、巨大火山の噴火、気候の大変動、大気組成の変動、大陸の大移動などにより、大量絶滅にも何度か見舞われたが、それでも生物は、植物は種子、動物は変態というすぐれたしくみを手に入れたり、それぞれの環境に合わせたオリジナルの方法を編み出したりしながら、次の世代に命をつないできた。

このように、生物が幾多の危機を乗り越えることができたのは、突然変異のおかげである。生物の体内のＤＮＡは、放射線や宇宙線、紫外線、化学物質などによってたえず傷つけられ、塩基の置換が起こる。これが突然変異だ。生体内ではそれをすばやく修復するしくみが複数の系統で働いており、塩基の変異を低率に抑えている。しかし、変異が生殖細胞の卵子や精子で起こり、修復されずに子孫に伝わると、次世代に受け継がれることがある。こうして生物に起こる形質の変化が、進化の原動力である。

もし、ＤＮＡに突然変異を完全に防ぐ監視機構が備わっていれば、変化が起こらないため、現在の多様な生物の存在はなかった。逆に、変異が修復されることなく野放しであったなら、進化は短時間に進みすぎて不完全な生物だらけになり、それぞれの種の寿命が早く尽きて地球上の生命そのものが死に絶えていたかもしれない。ＤＮＡがちょうどよい確率で突然変異をしているおかげで、生物は生きながらえ、豊かな多様性を実現し、私たちヒトも存在している。

さらにＤＮＡには、突然変異だけでは語れない「つかみどころのなさ」がある。すでに述べたように、地球上に猛毒の酸素が蔓延したとき、とある好気性生物はほかの嫌気性生物の細胞内で共生するようになり、ミトコンドリアＤＮＡとなった。また、光合成機能をもつシアノバクテリア（藍藻）は、やはりほかの生物の細胞内で共生し、葉緑体ＤＮＡとなった。このようにＤＮＡは、雌雄の交雑や親子間の遺伝とはまったく別に、ほかの個体に入り込んでしまうことがある。これをＤＮＡの「水平移動」とよぶ。現在では細菌やウイルスなどでは頻繁に水平移動が起きていることがわかっている。なお、まったくの余談だが、私はミトコンドリアＤＮＡと葉緑体ＤＮＡをあわせもつことになった植物こそが、効率という点では理想的な生物ではないかと考えている。そして動物の存在意義とは、植物の増えすぎを抑制することにあるのかもしれないと思うこともある。

DNAにはほかにも、個体の中であるゲノムから別のゲノムへと、無秩序に移動して遺伝情報を変化させてしまう性質をもつものがあり、これは「トランスポゾン」とよばれている。じつはDNAの半数近くはトランスポゾンなのだが、生体にはDNAの移動を防ぐ機構があり、無秩序なゲノムの変異が抑えられていると考えられている。

こうしてみるとDNAは、つねに流転を繰り返しているともいえる。1億年後の地球上にはいったいどのような生物がいるのか、現在のわれわれからは想像もつかないのである。

「生きた化石」たちの内部でも、突然変異をはじめ、DNAは数億年にわたってさまざまに流転しつづけてきたはずだ。それなのに、どうして彼らの形態はほとんど変わっていないのだろうか。残念ながら現在はまだ、その確たる答えは得られていない。

ただ言えることは、ほとんどの生物は、進化によって環境に適応することで繁栄してきたのに対し、「生きた化石」たちは、進化よりも、ごく限られた特異的な環境に棲み、繁栄よりも孤立を選択したということである。

次には、そのようにしてひっそりと生き延びてきた、ある「生きた化石」に、新種が見つかった話をしたい。

水たまりにいた小さな「新種」

山形県の自然公園管理員の畠中裕之氏が、鳥海山に虫取りに出かけたとき、ふと、雪解け水によって一時的にできた水たまりに目にとめた。そこに何やら小さな生き物たちがうごめいているのに気づいたからだ。よく見るとそれは、体長2㎝ほどのホウネンエビだった。

ホウネンエビは水田に時折みられる小型の原始的な甲殻類で、春に多く発生した年はコメがよく実って豊年になるという言い伝えがその名の由来である。カブトエビやミジンコなど、甲殻類の鰓脚亜綱《さいきゃくあこう》に分類される一群には「生きた化石」が多いのだが、ホウネンエビもこの仲間であり、やはり「生きた化石」とされている。

ホウネンエビを見つけた畠中氏は、数匹を採取して持ち帰り、高校時代に生物部で指導をうけた元教師に見せた。私にカブトエビのＤＮＡ鑑定を依頼した前出の五十嵐氏である。五十嵐氏はそのホウネンエビがこれまで知られていた種と少し変わった形態であることに気づき、私のところにＤＮＡ鑑定を依頼してきた。

それまでは、日本に生息するホウネンエビとしては、関東地方から西日本の水田に年に一回発生するやや小形のホウネンエビと、北海道や青森県のみに生息しているやや大形のキタホウネンエビの2種が報告されていた。持ち込まれた個体は、外部形態や大きさを見ると、どちらかといえばキタホウネンエビに似ているように思われた。ともかくミトコンドリアDNAを鑑定して、所属を確認した。すると、既知の2種とは、明らかに種内変化を超えるレベルで塩基配列の違いが見られた。そのデータをもとに外部形態を再度、よく比較すると、既知の2種とは別種レベルで異なることがわかった。

となると、次は世界のデータとの照合である。ホウネンエビ類は世界各地から比較的、多くの塩基配列が登録されている。それらと突き合わせたところ、持ち込まれたホウネンエビの塩基配列は、どのデータともかなり異なっていた。どうやら新種を見つけた可能性が高いことがわかり、畠中氏と五十嵐氏、そして私は心を躍らせた。

だが、ここからが大問題である。ヨーロッパやアメリカにはホウネンエビ類が多数生息していて、よく研究されている。しかし、日本はもとよりアジアには、ホウネンエビ類を専門としている研究者がいないのだ。新種を記載（新たな学名をつける）するには、これまでに記載されたすべての近縁種と異なることを明確に示す必要があるが、それができるオーソリティがいないのである。

しかも、通常はDNAの塩基配列で系統樹を描くと、同じ属は1ヵ所にまとまることが多い

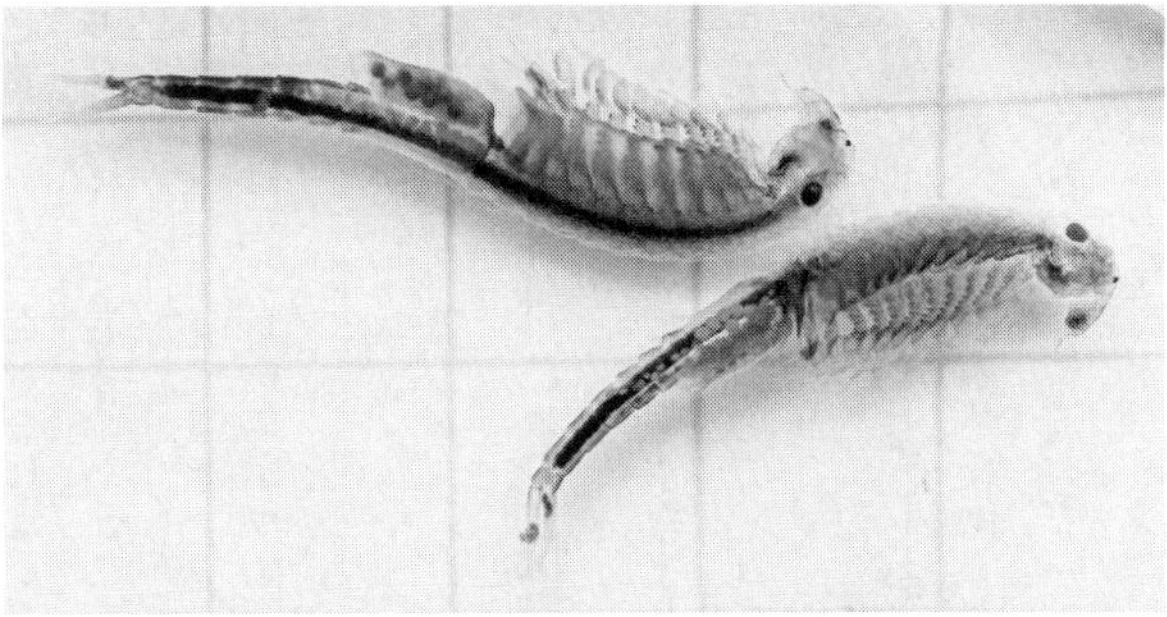

図6－4　新種として記載されたチョウカイキタホウネンエビ
（撮影／畠中裕之）

ものだが、登録されている世界のホウネンエビのDNA鑑定結果は、属レベルでも統一性がなかった。このことは、属を規定する外部形態の分類基準に、問題点が多いことを示していた。このホウネンエビの学名を決め、新種として記載しようとすれば、最初に、どの属に入れるべきかで苦慮させられそうだ。

私たちは歩を進めることができず、足踏みしていたところが、そこへ椿事が起きたのである。

昆虫写真家の永幡嘉之氏が、ロシアのハンカ湖畔で見つけたというホウネンエビを持ち込んできて、DNA鑑定を依頼してきた。さらに、環境省職員の高橋法人氏からも、知床で見つけたというホウネンエビが持ち込まれた。それぞれDNA鑑定をしてみて、驚いた。どちらの塩基配列も、既知の種ではキタホウネンエビに似てはいたものの、ヨーロッパや北アメリカ産のものとは明らかに異なっていた。これはただごとではないと背中を押され、進化生物学者である茨城大学の北野誉氏にみてもらったところ、DNAと形態の違いから新種であると認められ、どちらのホウネンエビも新種として記載されたのである。和名はロシア産が「ナナイキタホウネンエビ」、知床産は「シレトコホウネンエビ」と命名された。

そしてこのとき、鳥海山で畠中氏が見つけたホウネンエビも一緒に調べられ、めでたく新種として記載されたのだった。その和名は「チョウカイキタホウネンエビ」と決まった。

これこそ「快挙」

ホウネンエビは、水たまりなどの、2ヵ月ほどで干上がってしまうような不安定な水域にのみ発生する。そうした場所なら魚などの天敵が少なく、身を守る術をもたない弱い生き物でも生存が可能になる。では、水が干上がった時期はどうしているのかといえば、乾燥した卵の状態で長期間生存することができ、新たな水たまりができるまで何年でも孵化を待っているのだ。すべての個体が孵化すると、一度水が干上がったら全滅するので、一部の卵しか孵化しないしくみがあるに違いない。このことは何年も雪が少なく水たまりができなかった場所に、水がたまった年にホウネンエビが発生することで確かめられている。

水田はホウネンエビが生育する春から夏にかけてのみ水が張られて水たまりのようになる、農薬の影響さえなければ天国のような環境である。さまざまな生物がひしめきあう池や水路などの閉鎖的空間での激しい生存競争を避けることで、ホウネンエビはおよそ2億年ものあいだ、日本列島が現在の姿になるよりもはるかに前から、ひっそりと命をつないできたのだ。

なお、ホウネンエビの生息する場所では梅雨や大雨のときも水たまりはできるが、なぜか、そのときには卵は孵化しないとか。孵化のためには一定の低温期間が必要なようである。また、卵の乾燥期間が必要なため、一年を通して水がある池や川などでは生存できない。

しかし、2億年間の過酷な気候変動にも滅びなかった乾燥への耐久力はあるとしても、今後の環境がどうなるかはわからない。ごく狭い範囲にしかない生息可能な場所が開発などで失われれば、永久に地上から姿を消してしまいかねない。

そのような、甲殻類で最も原始的な「生きた化石」が、これまで日本国内では2種しか知られていなかったのに、立て続けに3種も新しく確認された。そのこと自体、なんともうれしい驚きであり、ＤＮＡ鑑定がもたらした「快挙」ではないかと思うのである。

いまも、山中の雪解け水でできた小さな水たまりには、未知のホウネンエビが人知れず生存している可能性が高い。その発生時期は付近でソメイヨシノが咲くころで、山菜採りにはまだ少し早く、入山者が少ないことが彼らには幸いしているのかもしれない。できれば絶滅する前に、ほかの新種も姿を現してほしいものである。

「品種」とDNA鑑定

ここからは、人間にとって有用な生き物、すなわち農産物や家畜などにおけるDNA鑑定について、読者も気になっていると思われる話題にふれていこう。

すぐれた農産物は、農林水産省の審査に通れば、新しい「品種」として登録される。品種とは種と違って、人間に役立つ特徴を基準とする分類である。種が形態や生態の特徴を基準とするのに対して、品種では、味のよさや、生育の速さ、病気に対する強さ、収穫量の多さといったことが考慮される。たとえば、イネという一つの種には、3000以上の品種があるとされる。

農産物では、品種が登録されれば育成者は種子や苗を独占的に販売することを一定期間、許可され、ほかの者が無許可で増殖などをすることが禁止される。こうした育成者保護や管理をともなうため、品種のDNA鑑定が広く行われている。コメや果樹のような主要な農産物は、DNA鑑定で簡単に品種を識別できるようになり、品種の偽装はやりにくい時代となった。いくつかの主要作物では、まだ初歩的な段階だが品種のＤＮＡ判定キットも市販されている。

しかし、大量に栽培していると、まれに登録品種をしのぐ「枝変わり」（ある枝だけに起こる突然変異など）が生じることがある。この場合は新品種として登録申請はできるが、もとの品種の登録期間内であれば、もとの権利者との話し合いが必要となる。それを嫌って、新品種の育成者が来歴を偽る可能性がある。こうしたケースでは両者の遺伝的背景はほぼ同じなので、ＤＮＡ鑑定によっても両者を区別できなければ、偽りの証明となる。

登録品種どうしを交配して、二つの品種のよいところ取りをすることも考えられる。この場合は、もとの品種に登録の権利は残っているのだが、詳細なＤＮＡ鑑定を実施する以外に、それを証明することはできない。

農水省は品種の登録時に、高い審査料をとっているのだから、主要な農作物はすべてＤＮＡ鑑定でその違いを識別できるような体制を早急に整備すべきである。最初に世界中の代表的な品種を次世代シーケンサーで分析し、ＳＮＰマーカーと繰り返し数の多型を多数選抜し、これらの判定キットを開発すれば、品種の来歴や近縁関係は簡単にわかるはずだ。これにより、外国からこっそり持ち込んだ品種を登録するような不届き者は駆逐できるだろうし、来歴の間違いも判明するであろう。判定キットは量産すればかなり安くできるはずだし、輸出も可能である。まずは主要な農産物からでも、品種登録時に農水省がDNA鑑定を行うような体制を早くつくっていただきたい。

なお、登録品種の種子や苗を購入した場合、農産物はその品種名で誰でも販売してよいのだが、例外として、その品種に登録商標がある場合は、品種名での販売はできない。たとえば、エダマメの代表品種である「だだちゃ豆」は、種子が広く市販されているが、登録商標であるため、この名前で販売できるのは限定された産地だけである。そのほかの産地では、同じものが「茶豆」として、安価で売られている。

難しくなってきた食品偽装

食品の品種偽装や産地偽装はひところ、大きな問題になった。

寿司屋で出されるヒラメの「エンガワ」の美味しさは格別だが、安物にはヒラメではなく、外国産のカレイ類の同じ部位を使ったものも多いらしい。カレイとヒラメは、外見は似ているが、別種どころかじつは所属する科も違っていて、味もそれなりに異なる。そしてエンガワとは、厳密にはヒラメのものだけを指し、カレイを使ったものは、さしずめ「エンガワモドキ」とでも呼ぶべき、似て非なるものなのだ。そのほかの寿司ネタにも、このようなまがいものは少なくないという。

こうした生物の種の偽装は、近年では表示が細かく規制されて少なくなったようだが、それでも表示どおりかどうかの検証が必要な場面は出てくる。寿司は加熱調理がされていないので、ごく微量のサンプルがあればDNA鑑定により、素材の種類が簡単に判明することが多い。近年のPCRの能力の進歩とDNAのデータベースの充実ぶりはすばらしく、煮付け、焼き魚、てんぷら、ソーセージのように加熱されていても、種類の判明率は高い。

ただし、缶詰やレトルト食品など、高温での長時間の加熱や、圧力釜での調理を経た食材では、DNAが壊れて低分子化していることが多い。塩基配列の比較には少なくとも60塩基の情報が得られることが望ましく、このような場合は、低分子に対応できる種特異的プライマーの使用が必要になる。どの種を比べたいのかある程度の見当をつけ、双方のDNAをあらかじめ解析して配列が異なる部位を絞り込むなど、予備実験も必要なことが多い。

一方で、外国産の魚介類や食肉を「国産」と偽ったり、違う産地のものを「ブランド品」と偽ったりする産地偽装にも、DNA鑑定が一定の効果を発揮する。品種に違いがあれば、DNA鑑定で区別できることが多い。同じ名前で呼ばれている魚でも、国産と外国産の区別や、産地の推定が可能なこともある。人為的に育種された牛肉や豚肉も、産地偽装にはDNA鑑定である程度は対応できる。

ただし、同じ品種の農産物や家畜が各地で飼育されているような場合には、DNA鑑定をしても塩基配列は同じだから、産地の偽装は証明できない。

コメは需要が多いために研究が進み、DNA鑑定で簡単に品種が判別できるようになった。多くの品種で識別用のDNA判定キットも市販されている。新潟県では、「コシヒカリ」というブランドの管理のため、種籾《たねもみ》にイモチ病抵抗性の遺伝子を入れた「コシヒカリBL」を販売することで、新潟県産と他県産を区別している。ただし、従来のコシヒカリのほうがうまいからとコシヒカリBLの栽培を拒んでいる農家も県内にあるので、一筋縄ではいかないのだが。

また、先に述べたように魚沼産「コシヒカリ」と、新潟の他産地の「コシヒカリ」はDNA鑑定では産地を区別できないが、場所によって土壌の成分が異なるので、コメの元素分析などの実験を併用すれば識別はかなり可能である。

サクランボやリンゴなどの主要な果樹でも、コメと同様にDNA鑑定で品種を区別できるようになった。さらに、「実が大きい」「果肉が柔らかい」といった形質をもつものを、苗の時期に前もってDNAで識別できるようになったために、育種に要する時間も大幅に短縮されている。これまでは、交配によって新しい品種をつくったとしても、その結果は果樹が十分に生長して結実するまでわからなかったので、品種改良には長い年月を要していたのだ。

進歩したDNA鑑定の「功罪」

ところで、私の地元である山形県の清酒は、県内で開発された酒造米「出羽燦々《でわさんさん》」と、麴菌「オリーゼ山形」、酵母「山形酵母」からつくられることが多い。お酒の原料米や麴、酵母を、DNA鑑定で突きとめたという話はまだ聞かないが、日本酒にこれら3種の断片化したDNAが含まれていてもなんら不思議ではないから、DNA鑑定も不可能ではないだろう。つまり、お酒も下手に原料米などをラベルに記載すると、食品偽装の疑いがもたれる時代となってしまったのだ。もっとも、焼酎やウイスキーなどの蒸留酒は、材料に用いられた麦などのDNAが検出されることはほぼないと予想されるので、醸造酒に限られる話だが。

また、ハチミツ、ジュース、ジャム、お菓子のようなものも同様に、原料の品種や産地などが、DNA鑑定で特定できる可能性があるので、いまや生産者はラベルの表示には細心の注意が必要である。

たしかにDNA鑑定技術の進歩によって、食品偽装は以前よりも大幅に少なくなってきている。また、O157をはじめとした各種の食中毒菌の検出や、トリカブトの花粉が混じったハチミツの識別など、食中毒の監視にもDNA鑑定は役立つだろう。

ただし、シラスへの小さなフグの稚魚の混入のような事例は、量からみてもほぼ無害なので、神経質になる必要はまったくないのだが、DNA鑑定によってこのようなものまで浮かび上がってしまうと、消費者の過度な神経質化に拍車をかけることにもなりかねない。技術が進めばよいというものではないことも忘れてはならない。

食品偽装とは異なる分野だが、DNA鑑定の発達によって、悪意がなくとも「偽装」と同じような結果が生じかねないケースも現れてきたので、紹介しておこう。

白血病の治療では、ガン化した白血球などを産生する骨髄細胞を除去して、提供者から得られたHLA型（第1章参照）が合致する生きた骨髄細胞を移植する方法が採られる。いわゆる骨髄移植である。このときにはHLA型の合致が最優先であり、ABO式血液型の不一致は許容される。移植が成功すると、患者の骨髄由来細胞では、白血球のDNA型は100パーセント、提供者のDNAに置換される。この移植の成否の評価は、以前は面倒なHLA型の型判定で行われていたが、いまや親子鑑定などで用いられているSTR型を判定するキットによって、より簡単に判定できるようになった。

つまり、移植が成功すれば、いわば血液の「産地」が入れ替わるわけである。したがって、提供を受けた人が残した血痕をＤＮＡ鑑定すれば、提供者のタイプが検出されるのだ。だからといって、仮に提供を受けた人がなんらかの犯罪にかかわったときに、提供者が犯人と誤認されるようなことは、ミステリー小説の中だけにしなくてはならない。

ただし、入れ替わるのは血液だけで、口腔内細胞や爪から採取できるＤＮＡは、骨髄移植前と変わらない。とはいえ炎症などにより口腔内細胞中に白血球数が多いと、提供者と提供を受けた人の両方のタイプが検出されることになる。仮に犯罪資料でこのような結果が出れば、別々の二人のＤＮＡが混入していると勘違いされる可能性がある。

遺伝子組み換えとＤＮＡ鑑定

従来は、新しい作物の品種をつくりだすには、交配・突然変異株の選別や、放射線などによる強制的な変異体誘発と選抜という、気の遠くなるような時間と手間を必要とした。ところが現在では、遺伝子組み換え技術やゲノム編集技術を用いれば、これまではありえなかった動物の遺伝子までも、ある程度自由に導入することが可能となり、形質をデザインした生物を容易に、短時間でつくりだせるようになった。たとえば、鋼鉄よりも強く軽いクモの糸を、微生物やカイコにつくらせて新素材として利用することも現に行われている。

世界規模の食糧危機が想定されるなかで、遺伝子組み換え作物などの比率がいやおうなく高まってくるはずだ。日本でも、どこまではよく、どこからはだめかの線引きが、大事になってくるだろう。

ある生物が遺伝子組み換え生物か否かの識別は、組み込まれている可能性がある遺伝子の配列がわかっていれば、DNA鑑定によって比較的容易にできる。その遺伝子配列をもとにプライマーをつくってPCRを行い、めざす産物が得られれば、陽性を証明できる。

ただし、もし鑑定対象としている生物のDNAがたまたま、組み込まれた遺伝子配列をもつ生物のDNAに汚染されていれば、遺伝子組み換えがなくても陽性となってしまう。これを防ぐにはどうしたらよいだろうか。

遺伝子組み換えの際、遺伝子の導入には、ウイルスや細菌などの核酸分子を「ベクター」(運び屋)として利用している。そこで、プライマーの一方はベクターに対応する塩基配列に、もう一方のプライマーは組み換え遺伝子の部位に対応する塩基配列に設定すれば、自然界の生物の汚染による陽性の疑いは、かなり防ぐことができるのだ。

いまでは次世代シーケンサーが実用化され、生物全体のゲノム解析が可能となったことで、秘密裏に遺伝子組み換え生物をつくったとしても、簡単に露見してしまう時代になってきた。

しかし、巧妙な仕掛けなどを組み込んで、解読作業を混乱させることは可能かもしれないと考えている。

ところで、もし日本でも遺伝子組み換え作物の栽培が全面的に合法化されたら、とくに農村の風景は一変するだろう。幼少時から虫に親しんできた私には、雑草が一本も生えていないダイズ畑や、虫が一匹もいない畑というものは、想像するだけでぞっとさせられる。畑をつくっている立場からすれば、トマトなどの青枯《あおが》れ病には苦労させられているので、病害虫をなんとかしてほしい気持ちはわからないでもない。しかし、生態系全体のことを考えるならば、作物に除草剤抵抗性や殺虫効果をもつ遺伝子を導入することには大きな抵抗がある。

遺伝子の組み換えは、留まるところを知らない。自然科学の分野で進歩を競うのは宿命かもしれないが、生命を扱う以上、「立ち止まる」ことも必要ではないだろうか。個人的には青いバラは無用で、白に限ると思う。

第7章 犯罪捜査とDNA鑑定

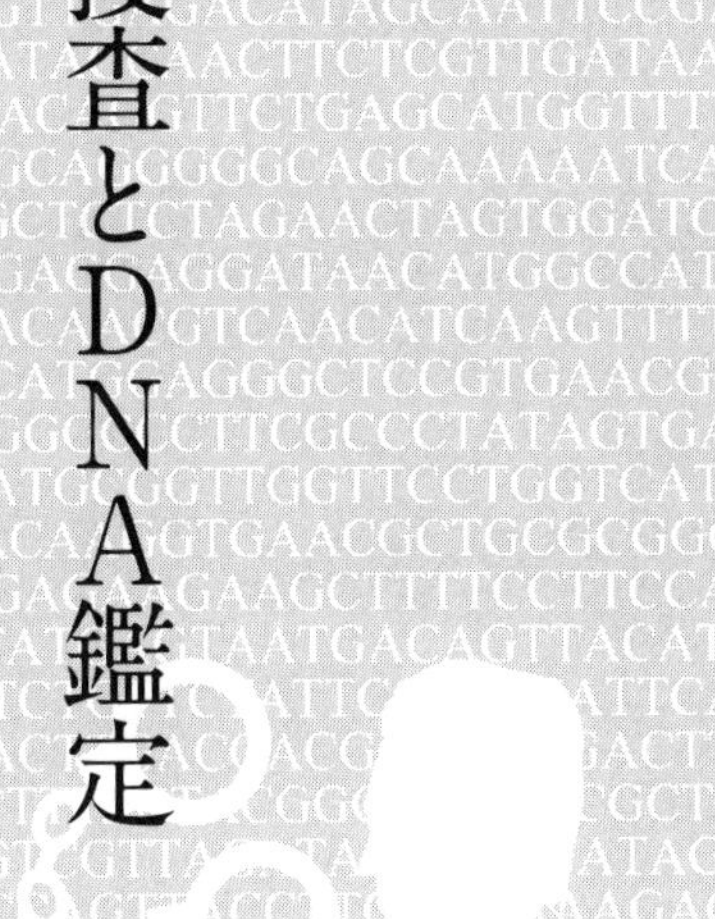

本書もいよいよ最後の章となったが、もしかしたら、最初にこの章から読みはじめようとしている読者もいるかもしれない。もちろん、それでもまったくさしつかえない。犯罪捜査はやはりDNA鑑定の「華」であり、テレビドラマで科捜研が犯人を追いつめていく姿はじつに頼もしい。しかし、現実の捜査においては、DNA鑑定といえども決して万能ではない。

DNA鑑定の難しさ

世の中に「絶対」ということはありえない。それはDNA鑑定においてもまた、然りである。DNA鑑定は、結果が出たらそれで終わりではない。どのような結果でも、そこには落とし穴や不測の事態がある可能性を、つねに想定しておく必要がある。

とくにPCR法は、ほとんどゼロのDNA分子でも、天文学的な数字にまで増幅してくれる「魔法の杖」である。その過程で何が起こるのか、あるいは起こっていたのか、誰にもわからない。にもかかわらず、同じサンプルで同じ結果が得られたら、誰もがそれを信用してしまう。ときにそれが、思わぬ落とし穴となる。

また、鑑定資料も千差万別だ。DNA量は異なるし、DNAの分解の程度も違えば、DNAをもたらした生物もさまざまである。それを毎回、十把《じっぱ》一絡《ひとから》げのプロトコル（手順）どおりに鑑定していては、不測の事態を招く可能性が高くなる。

たとえば親子鑑定や赤ちゃん取り違え事件などであれば、十分な量の新鮮なＤＮＡがあるので、納得できるまで何度でも実験できる。このようなときには結論の間違いは起こりにくい。しかし、犯罪捜査においては、ごく少量の、分解が進んでしまったＤＮＡしか鑑定できないこともある。そうした場合には、何度実験を繰り返しても結果に自信をもてないことも少なくない。とりわけ、比較できる対照サンプルがないケースでは正解がわからないので、なおさらである。

それゆえに、鑑定する者にとっては、過ちにいちはやく気づく勘の鋭さや、疑い深さも非常に大切な資質となる。何かが間違っていると思われたときに、それをすぐに認め、それでもなんとか対応する能力も必要である。だが、どれだけ経験や知識を積み重ねても、次の鑑定にはなんの役にも立たないこともあるのがＤＮＡ鑑定の難しさである。

同じ風景でも、個人によって見え方や感じ方がまったく違うように、ＤＮＡ鑑定も、結果は一つでも、その解釈が個人によって異なっていてもなんら不思議ではない。

それでも科学鑑定なのかといわれるかもしれないが、結果はあくまで「氷山の一角」と考え、その裏に隠れた不確定要素を見逃さない感受性を研ぎ澄まし、つねに真実を捉えるための心の準備をしておかないと、結論を誤りかねないのである。

では、わが国の科学捜査ではこうした心構えのもとに、適切にDNA鑑定が行われているのだろうか。

科捜研によるDNA鑑定

日本の犯罪捜査におけるDNA鑑定は、各都道府県の科捜研（科学捜査研究所）がほぼ独占的に行っている。科捜研とは、警視庁を含む各都道府県の警察本部刑事部に、鑑識課から分かれて設置された付属機関である。似た名前の組織に科警研（科学警察研究所）があるが、これは警察庁の付属機関であり、科捜研の上部組織である。科捜研は科警研の指示にも従いつつ、都道府県ごとに科学捜査にあたっている。ただし、科捜研の研究員には捜査権はない。

科捜研の業務は、法医学（生物科学）・心理学・文書・物理学（工学）・化学などの分野に分かれていて、20人程度の研究員がそれぞれに配置されてさまざまな科学鑑定を行っている。DNA鑑定は、法医学分野の仕事だ。DNA鑑定にあたる研究員は、科警研で研修を受けた検査のスペシャリストである。つまり、同じサンプルなら、誰でも同じ結果を導き出すことが求められている。

第3章で述べたように、科捜研におけるＤＮＡ鑑定は、核ＤＮＡのＳＴＲを判定する米国ＡＢＩ社製のＳＴＲ判定キット（商品名は「アイデンティファイラー」）を主として用いている。ＳＴＲの利点は、1個のＳＴＲでも16種類程度のタイプに分かれるので、個人識別力に大変すぐれていることだ。これに対して、やはり第3章で紹介したＳＮＰやインデル多型は、基本的には三つのタイプにしか分かれないのが大きな欠点である。これらの識別力をＳＴＲと同等に高めようとすれば、ＳＴＲの3倍以上の遺伝子座（ローカス）を分析しなくてはならない。なお２０１９年度からはアイデンティファイラーの改良版の「グローバルファイラー」が用いられている。

また、男性だけに遺伝するＹ染色体の型を判定する、やはりＡＢＩ社製の判定キット（商品名は「Ｙファイラー」）が必要に応じて用いられている。

言い換えれば、科警研が科捜研に使用を認めているのはこれらのキットだけであり、科捜研はミトコンドリアＤＮＡなどは鑑定することができない。第2章でくわしく述べたように、日本にＤＮＡ鑑定が導入された当初の、ＰＣＲ法の特許の問題が、いまだに足枷《あしかせ》となっているからだ。

科警研の考えは「無理はするな」

犯罪の現場に残された資料のDNA型判定は、理想的には、同じサンプルについて別々の研究員が1回ずつ、独立して行うのが望ましいとされている。ただし実際には、科捜研では同一人物が2回程度、検査していることもあるようだ。

2回の検査の結果、1回目と2回目のDNA型が一致すれば、判定を終了する。不一致があったときは、その項目を除外するか、3回目の検査を行うかは、研究員の裁量にまかされている。いずれにしても検査結果は、犯罪者のDNAデータベースに登録される。

このとき問題になるのは、2回の検査結果が同じだったからといって、必ずしもそれが真実のDNA型であるとは限らないことだ。たとえば、DNAの量が少ないとか、分解が進んでいるとかいうときには、両者のタイプの不一致が少なからず起こる。一致したのはたまたまであることも少なくない。

科捜研は科警研から、検査においては判定キットのプロトコルを遵守《じゅんしゅ》することが求められている。そして、このプロトコルは状態のよいDNAに適するようにつくられている。科警研の考え方は、とにかく間違いは許されないので、「状態の悪い、あるいはきわめて微量のDNA

で無理に判定するな」ということのようである。

たとえば科捜研は、PCRによって得られたDNAの量がSTRの検出限界以下であれば、その後の検査は行わない。また、DNAの付着場所が特定できない資料のときは、核を試薬で軽く染色して細胞数を数え、細胞の多いところからDNAを抽出するが、細胞が少なければDNAは抽出しない。基本的にSTRしか使えない科捜研方式では、1回のPCRにつき少なくとも40個程度の細胞からDNAが得られないと、あまり再現性がないからだ。

しかしPCR法は倍々ゲームなので、たとえ1個の細胞のDNAでも、無理をすれば、再現性は高くなくともなんらかのデータが得られることが少なくない。だから戦没者などの遺骨の鑑定の場合は、間違いは承知の上で無理をすることがある。この点で科警研の考え方は、遺骨鑑定の考え方とは大きく異なっている。

たしかに、そう考えるのは十分に理解できる。たとえば刑事裁判において、資料のDNA型判定の結果と、被疑者のDNA型との個人識別で、仮にある一つのSTRのタイプが異なっていれば、弁護士から「では、別人ですね」と突っ込まれる。このとき、理由は後述するが、科捜研では追試（再検査）することが不可能なので、反論ができないのだ。そのため、どうしても判定は慎重にならざるを得ず、自信がもてない遺伝子座があると、そこそこの結果は得られても、その座位の結果は登録されないことが多い。

しかし、DNA鑑定をあきらめるのは簡単だが、「プロトコルから逸脱してでも捜査に役立つなんらかの情報を得るよう努めるべきだ」という考え方も一方にはありうる。そのために、分解されたDNAにも適合するようにプロトコルを改変するとか、別の市販キットを用いるとか、自前の新しいキットをつくるとか、いろいろな工夫を試みたい研究員も多いのではないだろうか。少なくとも私が科捜研の研究員だったら、そう思うはずだが。

なぜ追試は不可能なのか

さきほど述べた、弁護士に突っ込まれても科捜研は追試ができない、とはどういうことかを説明しよう。

科捜研が資料から抽出したDNAは、鑑定後にも、ほとんどのケースで追試のための十分な量が残っている。しかし、それらは検査結果が出れば、「全量消費」と記録され、ほとんどが捨てられる運命にある。だから、あとから追試や確認をしたいと思っても、まだDNAが抽出されていない資料が保存されていないかぎり、その術《すべ》はないのだ。

また、PCRでDNAを増幅した産物の大部分は鑑定後も残るのだが、こちらは結果が出たら、無条件に捨てられる。判定記録は残っているので問題はないだろうと思われるかもしれないが、これでは、サンプルの取り違えや入力ミスなどをチェックすることはできない。

ＤＮＡ未抽出の残ったサンプルは、できるだけ凍結保存などで保管することにはなっている。しかし、冷凍庫のスペースや詳細な記録を残す手間を考えるとどうしても、全量消費と記載されて捨てられてしまうサンプルのほうが圧倒的に多いと想像される。

ＤＮＡの抽出については、資料のどの部分を用いるか、全量を用いてよいか、などの基準は存在しないので、貴重な証拠品が裁判や再鑑定のときに残っているかどうかは、まったくの運まかせなのである。

裁判では、物的証拠がなければ、それに対応する事実も存在しないことになる。物的証拠にもとづかない推論は、「想像にすぎない」として退けられる。にもかかわらず、このように大事な証拠品が、現状ではあまりにも無造作に取り扱われている。日本でも、米国のように再鑑定に備えて証拠品を残しておくための基準づくりと、関連する法律の成立を急ぐべきである。

テレビドラマのように自由な鑑定を

ところで、ＡＢＩ社製のアイデンティファイラーは、分解が進んだＤＮＡでは、高分子量の

ＤＮＡの座位が出ないときがある。このようなサンプルのために、高分子の座位を低分子用に改良した「ミニファイラー」というキットが同社から市販されていて、ご遺骨の型判定のときには重宝している。しかし、科捜研にはなぜか、このキットの使用は認められていない。ミトコンドリアＤＮＡの検査ができないのは前述のとおりだが、犯罪捜査に役立ちそうなＡＢＯ式血液型や種属識別の鑑定すら許されていないのだ。ここにもやはり、ＤＮＡの状態がよくなければ無理に鑑定しなくてよい、許可されている鑑定以外はするな、という科警研の意図が垣間見えているように思われる。

たしかに現在の科捜研の検査体制でも、状態のよいＤＮＡであれば、個人識別には十分に対応できる。親子鑑定でも、白骨や焼死体であっても対応できるだろう。しかし、兄弟姉妹などの「同胞鑑定」では、Ｙファイラーを用いることのできる男の兄弟の場合しか、自信をもって判定することはできない。同胞鑑定にはミトコンドリアＤＮＡのデータの助けが、どうしても必要なのである。ましてや身元不明死体で、血縁者が親子や同胞より遠い関係者しかいない場合は、死体の身元調査は困難というのが現状である。

また、ＳＴＲは突然変異が起こりやすいという危険性をつねにともなっている。血縁鑑定にはＳＴＲよりはるかに突然変異率が低いＳＮＰのほうが有効な場合が少なくないが、科捜研ではＳＮＰの鑑定も認められていない。

各都道府県の科捜研は、ＤＮＡ鑑定の実力では世界最高レベルに達していると思う。科警研は科捜研の自主性を認め、新たな資格認定制度を設けるなどして、臨機応変に鑑定を行っているテレビドラマのように、自由なＤＮＡ鑑定を認めたらいかがであろうか。その結果、もし、科捜研の落ち度で鑑定に問題が生じたら、科警研の指導力不足を詫びればよい。ただそれだけの話である。

証拠品の捏造を防ぐために

科捜研については、独立性という問題も指摘されている。鑑定の結果が、警察が描いた捜査のストーリーの影響を受けるのではないかと危惧されているのだ。警察の内部では、犯罪者の検挙率が最優先されることが多く、科警研を通じて科捜研にもなんらかの圧力がかかることが絶対にないとは断言できない。捜査一課長と科捜研の研究員が厚い信頼で結ばれているというのは、ドラマの中だけのお話である。私も、科捜研は将来的には、警察から独立した組織に改編されることが望ましいと考える。

捜査機関によって証拠品が捏造《ねつぞう》される可能性も、まったくないとは言えない。とくに被疑者のＤＮＡサンプルが手元にある場合は、事件解決を急ぎたいという誘惑に駆られることもあるだろう。人は絶対にばれないと思うと、つい魔がさしてしまうことがあるものだ。

なかでも性犯罪の場合は、ＤＮＡ型は決定的な証拠となる。捜査資料が科捜研に持ち込まれる前に、警察内部で複数の手を経ていれば、その間になんらかの捏造が行われていることを疑われてもしかたがない。

あらぬ疑念をもたれないためには、少なくとも性犯罪の捜査資料は、捜査機関の手に渡る前に、ただちに科捜研で検査するしくみをつくるべきである。そして、被疑者からＤＮＡサンプルを採取する前に、まず捜査資料のＹ染色体などのＳＴＲ型を特定しておくのだ。これが実現されないかぎり、捜査機関における資料捏造の疑念を払拭することはできない。

いうまでもなく、刑事事件における偽装工作は、捜査機関によるものであっても重大な犯罪であり、あってはならないことだ。しかし、有名な袴田《はかまだ》事件においても捜査員による証拠の捏造が疑われているように、ありうることと考えている人は少なくない。「李下《りか》に冠を正さず」を実践するためにも、捜査資料はまず科捜研が検査すること、さらには、科捜研の捜査機関からの独立性を担保することを求めたい。

もっとも、ＤＮＡ型においては、犯人にしても捜査機関にしても、最後までばれないように偽装工作をすることは難しく、どこかで必ずほころびは出るはずだ。まず、それらしい形態や古さにするのがかなり厄介であるし、DNAの量や、分解の進み具合を不自然ではないように再現することは、至難のわざといえる。とくに骨の場合、偽装は不可能に近いだろう。

「汚染DNA」はやはり大問題

科捜研のあり方についてはこのように検討すべき点も多い。だが、研究員たちはいまおかれている現状のなかで、日夜、鑑定に奮闘している。ここからは犯罪捜査のDNA鑑定において、彼らが日々、頭を悩ませている問題点をみていこう。

いちばん頭が痛いのは、第5章のネアンデルタール人の骨のところでも述べた、資料の汚染という問題である。あらためて述べると、汚染には大別して、三つの種類がある。

一つめは、鑑定人やサンプル採取者など、資料に直接かかわった人のDNAによる汚染である。資料の採取時にはマスクや帽子、手袋の着用は必須だが、どのような対策をとっても完全にゼロにすることは不可能なのだ。そのため、型判定のときは資料にかかわった全員のDNA型のデータを横目で睨みながらの作業になる。

二つめは、試薬や器具からの汚染である。こちらのほうは、対策のとりようがないことがある。2011年に、科捜研がいつも使用していたDNA自動抽出装置に付属しているチューブのDNA汚染が大問題になり、全国のこの装置が一時使用中止になったことがあった。汚染源は装置の製造会社の従業員で、DNA鑑定で個人が特定されてしまった。

また、PCRに用いる水は、高純度となるよう品質管理されたDNAフリーの水が使われることが多いのだが、判定キットの試薬となると、汚染はないものと思い込んでいる人が少なくない。しかし、われわれが検出感度のよいミトコンドリアDNAを鑑定すると、市販の試薬にときどき人間のDNAの汚染が確認されることがある。なぜ汚染とわかるかというと、試薬の作製にあたったと思われる欧米人に特有の塩基配列が見つかるからである。

三つ目は、PCR産物の漏出による汚染である。わずかなDNAを大量に増幅して体積が増したPCR産物は非常に漏れやすい。移し替えの際などに机にこぼれたり服に付着したりしたものが乾燥して、DNAが空中を浮遊すれば実験室はもう使えない。試薬につけばすべて交換が必要となる。この対策としては、少なくとも、DNAの抽出やPCR溶液の調整をする部屋と、PCR産物を分析する部屋の2室を確保しなくてはならない。どうしても1室しか使えない場合は、このような汚染を覚悟すべきである。

DNA鑑定においては、タイプが既知であるDNAを入れた系と、DNAが入っていない系も、検査資料と同時に鑑定するのが鉄則である。出るものは正確に出て、出ないものは出なければ、資料のＤＮＡ鑑定結果の信頼性が増す。ただし、チューブやチップの汚染などには対処できない。得られた結果は完璧というわけではないことは、つねに想定しておく必要がある。

こうした汚染の問題を気にしなくてもよい動植物のＤＮＡ鑑定は、気楽で、われわれもほっとさせられる。ただし、人間のＤＮＡにも反応するような共通のプライマーを用いる際には、もちろん、汚染は要注意である。

「混合ＤＮＡ」という難題も

また、犯罪現場から得られる資料には、複数人のＤＮＡが混在していることも少なくない。ＳＴＲ型検査において、３本以上のバンドが複数の座位から検出されたら、単一の人間のＤＮＡではないと推定される。そうした場合に、関与した人数や、個別のタイプをどのように推定すればよいかも、難しい問題である。方法はさまざまに検討されているが、あくまで大雑把な推定にすぎず、それが正しいという保証はどこにもない。

たとえば、関与している人数が二人で、ＤＮＡ量の比率に極端な差がない場合は、ＰＣＲのピーク高をみれば、両者のタイプを正しく判定できると主張する人がいる。しかし、ＰＣＲで現れるピークの高さは、DNA量に比例して正確に決まるわけではない。しかも通常は、あるピークの一つ前には低いピークがつねに存在していて、このピークと少量のほうのDNA型のピークとの区別が困難なことも多い。そもそも、最初から関与した人数は二人だと決めつけることにも無理がある。というわけでこの主張は、事実上はあまり意味をなさない。

ほかには、一人のDNAのタイプがわかっている場合は、「引き算」すれば、もう一人のタイプが推定できるという主張もある。しかしこれも、推測の域を出ていない。

いずれにしても、複数の人間のDNAが混合した資料は、犯罪捜査の証拠能力には乏しいといわざるをえないのである。

そもそも、複数人のDNAの混合を見極めることができない理由は、STRは各染色体上に散らばって存在しているので、ほかの座位とのつながりを確かめる方法がまったく存在しないことにある。その点、ミトコンドリアDNAは環状なので、すべての塩基置換が完全に連鎖しているため、複数の人間の関与が疑われたときでも比較的容易に、それぞれのタイプを見分けることができる。

「分解DNA」にどう対処するか

ＤＮＡは熱や酸などにより完全に分解されたら、もう鑑定はできない。しかし、ＤＮＡの分解の進み具合は、サンプルの種類や置かれた条件によって大きく異なる。たとえば、ヒトの毛幹部の細胞核は、自己のもつＤＮＡ分解酵素などによって、ＤＮＡ鑑定ができないほどにほぼ分解されている。一方、４０００年前の縄文人骨でも、ＳＴＲの判定ができた例もある。

科捜研が用いているＳＴＲ判定キット「アイデンティファイラー」では、ＰＣＲで１００～４００塩基くらいの産物が得られる。これはとりもなおさず、ＤＮＡ鑑定には最低でもこれくらいの長さのＤＮＡが必要ということである。しかし、ＳＴＲの判定では、繰り返し配列だけで30～１００塩基程度を必要とし、さらにプライマーの結合部位として40塩基ほど、そしてつなぎの部位にもそれなりの塩基対が必要なので、ＤＮＡの分解が進んで短くなっていると、ターゲットのＤＮＡの長さが足りなくなり、鑑定ができなくなってしまう。

しかし、仮にＳＴＲではほとんど鑑定できなくとも、ＤＮＡ鑑定自体をあきらめる必要はない。むしろ１００塩基以下の短いＤＮＡをターゲットとすると、劇的に再現性のよいＤＮＡ鑑定ができることがある。それは、ＳＮＰやインデルを使う鑑定である。これらであれば、40～50塩基程度の鎖長でも勝負できるからだ。一般的には、１５０塩基のＤＮＡが少しでも残っていれば、50塩基のＤＮＡはその何倍も残っていることが期待される。

科捜研ではSNPだけでなく、インデルの鑑定も認められていないが、STRを補完して、残されたわずかな分解DNAをも犯罪捜査に役立てるためには、これらの装備も必要なのではないだろうか。

足利事件における「MCT118法」

ここまで日本の犯罪捜査におけるDNA鑑定の現状や問題点を紹介してきた。つい小言めいた物言いが多くなってしまったが、さきほども述べたように、いまや科捜研のDNA鑑定の技術は、研究員たちの努力によって世界最高のレベルに達している。そのことは素直に評価されるべきである。

しかし、それはある大きな「犠牲」の上に成り立っていることも忘れてはならない。日本のDNA鑑定はその初期段階において、重大な失敗を犯してしまった。今日の発展は、その反省に立って築かれたものなのだ。それはどのような反省だったのだろうか。

1990年5月、栃木県足利市の渡良瀬川河川敷で女児の他殺体が発見された。捜査は難航したが、翌1991年12月、栃木県警は足利市内に住む元運転手の菅家《すがや》利和《としかず》さんを、猥褻目的誘拐と殺人の容疑で逮捕した。菅家さんと事件を結びつける証拠は何もなく、殺害された女児の下着に付着していた体液のＤＮＡ型が、菅家さんのそれと一致したというＤＮＡ鑑定の結果が逮捕の決め手となった。これが世にいう足利事件である。菅家さんには宇都宮地方裁判所で無期懲役の一審判決が下った。

当時、日本ではＤＮＡ鑑定は実用化されてまもないころで、足利事件はＤＮＡ鑑定の結果を有罪の証拠として裁判所が採用した最初の事件だった。

このとき警察が採用した個人識別法が、第3章でも紹介したＭＣＴ１１８法であった。鑑定にあたったのは、この方法を開発した科警研の技師たちだった。その原理はＳＴＲと同じで、特定の塩基配列が繰り返される数には個人差があることに注目するものである。ただし、ＳＴＲがさまざまな座位の数個程度の短い塩基の繰り返しを見るのに対して、ＭＣＴ１１８法は一つの座位の、16塩基からなるＭＣＴ１１８の繰り返しの回数をみる。これには個人によって14回から42回程度までの差があり、さらに染色体は両親から1本ずつ受け継ぐので、一人の人間は2通りの繰り返し数をもっている。たとえば片方が20回、片方が30回の繰り返し数であれば20－30型となる。基本的には、こうした繰り返し回数の組み合わせをもとに個人を識別する方法である。

具体的には、ＭＣＴ１１８をＰＣＲで増幅したあと電気泳動を行い、染色試薬を用いてバンドを可視化する。繰り返し数の違いはバンドの長さに現れる。これに、123、246、369などの塩基数からなる「123塩基ラダー」(ラダーは「梯子」という意味)という市販のマーカーを同時に電気泳動させて、いわば物差しとしてあてはめて長さを測り、繰り返しの回数を割り出すのである。

科警研によるDNA鑑定では、菅家さんのDNA型と、女児の着衣に付着した体液のDNA型はいずれも16-26型であったことから、DNA型は一致するという結論が出されたのだ。しかし、このDNA鑑定には、検査の実務経験を積んだ専門家の目から見たとき、いくつもの問題があった。

何が問題だったのか

足利事件のその後の経緯はご存じの方も多いだろう。逮捕から18年目の2009年、菅家さんの再審請求をうけて東京高等裁判所はDNA型の再鑑定を決定し、検察側と弁護側、それぞれの鑑定人によって再鑑定が行われた。結論はいずれも、二つのDNA資料は同一人物のものではないとされ、当時の科警研によるDNA鑑定が間違っていたと認定された。2010年、宇都宮地裁は再審判決で菅家さんに無罪を言い渡した。

では、科警研のDNA鑑定は何が問題だったのだろうか。私なりに考える、おもな点を挙げてみよう。

（1）何より、MCT118法の信頼性と再現性を十分に確認する前に、実際のDNA鑑定に応用してしまったこと。

（2）バンドの長さを123塩基ラダーで測る判定法がそもそも不適切であったこと。単純に考えても、16塩基のMCT118の繰り返しを、123塩基の物差しで正確に測れるはずがないのだ。科警研はのちに、菅家さんの繰り返し数のタイプを18－30型に訂正した。その理由は、123塩基ラダーの塩基の組成と、MCT118の塩基組成は微妙に異なるので、電気泳動の移動距離もそれぞれ異なり、補正が必要というものであった。これは、この判定法自体に問題があることをみずから認めたにひとしい。ちなみにその後、菅家さんのMCT118型は18－29型であることが判明している。

（3）電気泳動の手技が未熟であったこと。鑑定書で示されたバンドにはシャープさがないため、ぶれ幅が見られ、バンドのどの部分を基準にして型判定したのかがわからない。

（4）バンドパターンの判読に誤りがあったこと。公開されているバンドパターンをわれわれが見るかぎり、菅家さんの型と下着に付着した体液の型は、バンドの間隔が異なることから、

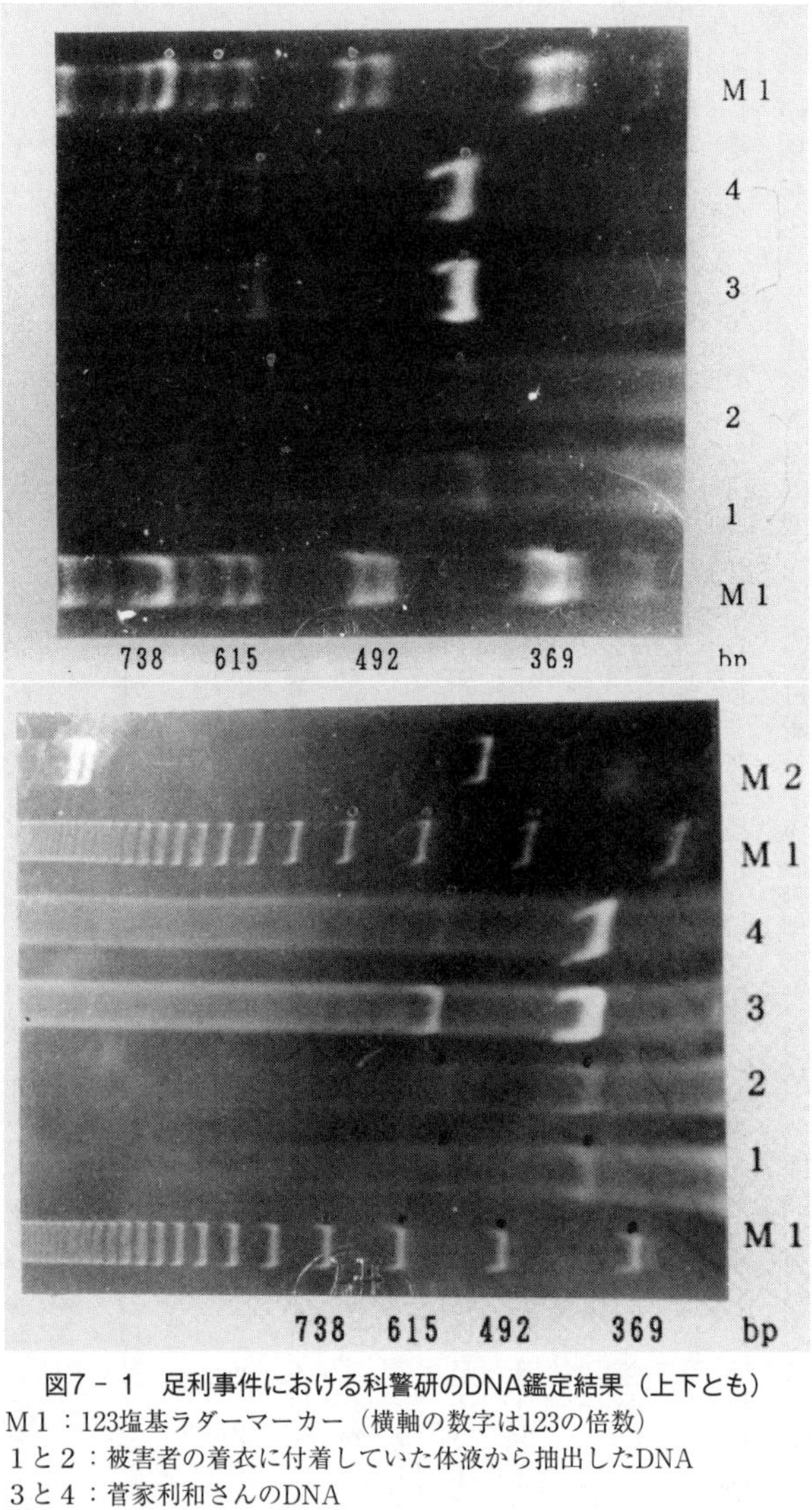

図7－1　足利事件における科警研のDNA鑑定結果（上下とも）

M１：123塩基ラダーマーカー（横軸の数字は123の倍数）

１と２：被害者の着衣に付着していた体液から抽出したDNA

３と４：菅家利和さんのDNA

上下ともに１と２はきわめて不明瞭で、３と４は鮮明だが幅がある。

ラダーの１目盛は123塩基もあるので、正確な位置の特定が難しい

（提供／足利事件弁護団）

同一の型ではないことが示されている。

以上が、私が考えるこの鑑定のおもな問題点である。しかし、科警研にしても、もし判定の正確さや再現性を最優先していたならば、足利事件にＤＮＡ鑑定を適用することは躊躇《ちゅうちょ》していたのではないかと思う。当時は、最先端の鑑定法が導入されたばかりであり、早く実績をあげて予算を獲得したいと功を焦る雰囲気があったのだろう。

その後、ＭＣＴ１１８法の信頼性を高めるために、試薬と各型からなるラダーのセットが市販され、さらにシーケンサーを用いて自動的に型判定ができるようにもなったが、現在ではこの手法が科学捜査に用いられることはなくなった。だが、菅家さんの失われた20年は、二度と戻ってはこない。再現性のよい判定ができるようになるまで、実際への応用を思いとどまれなかったものかと、残念でならない。

これからのＤＮＡ鑑定

足利事件の教訓とは、何だろうか。一つには、言うまでもないことだが、ＤＮＡ鑑定によって冤罪《えんざい》をつくってはならないということだ。菅家さんはそれでも無罪とはなったが、１９９２年に福岡県飯塚市で女児２人が殺害された、いわゆる飯塚事件では、被疑者はやはりＭＣＴ１

18法によるDNA鑑定の結果、遺体に付着していた体液と同じDNA型とされた。被疑者には死刑判決が下り、足利事件で菅家さんのDNA再鑑定の決定が報道されてからわずか11日後に刑が執行された。このほかにも、MCT118法によるDNA鑑定が行われた事件は141件あり、そのうち鑑定結果によって有罪とされた被告が8人いるという。もしもそのなかに足利事件と同じ過ちがあるとしたら、それこそ取り返しがつかない。警察はDNA鑑定の運用には、どれだけ注意を払っても払いすぎることはない。

現在、科捜研が行うDNA鑑定はSTRのみであるが、STRにはこれまで述べてきたような、さまざまな欠点がある。なかでも分解が進んだDNAに対応できないことは大きな問題だが、SNPやインデル多型などの短い塩基配列に対応できる方法を用いれば、劇的に改善できる可能性がある。将来的には、これらを採用する方向に進むと思われるが、比較する場所が変われば、これまで蓄積されてきた膨大な犯罪者データベースは使用できなくなるので、社会的背景を考えると一気に切り替えることは困難である。さらに、特許の問題も残っている。それらとの整合をはかりつつ、簡便、高感度、高精度かつ低コストであるSNPやインデル多型の判定システムを導入してゆくことが望まれる。

そもそも日本の科捜研には、基本的にはミトコンドリアDNAの鑑定が許されていないという決定的な欠陥がある。ＤＮＡがある程度存在する通常の鑑定時には、従来の核ＤＮＡを用いた鑑定でもほぼ問題ないが、ＤＮＡ量が少ないときには誤判定が生じやすく、新たな冤罪を生みかねない。核ＤＮＡより１００倍ほども感度のよいミトコンドリアＤＮＡを有効活用すれば、より正確な判定が得られ、混合ＤＮＡの検証も容易になる。

このように、つねに最善の態勢で臨む努力を惜しまないことが、ＭＣＴ１１８法の苦い経験を生かすことになるのではないだろうか。

もう一つの教訓は、どれだけ設備や手法が進歩しても、疑うことを忘れないということだろう。たしかにＤＮＡ鑑定の技術の進歩は、めざましい。実験設備も次々に最新の機器へと置き換わり、いまある機器はすぐに時代遅れになってしまう。専門的な分野なので、高度の機械化はある程度は避けられないが、じつは個人識別や血縁関係のＤＮＡ鑑定であれば、原理がきちんと理解できていれば、古臭い方法でも十分に可能だし、迅速かつ安上がりでもあるのだ。ただし、そこには職人技が必要となる。捜査に関連するＤＮＡ鑑定は「誰がやっても同じ結果が出る」ことが要求され、職人技による高い技術は「神の手」などと称され、非科学的と受けとめられることが多いのは残念なことだ。

今後、ますますＤＮＡ鑑定の機械化や自動化は進むだろう。これまで何度か言及してきた次世代シーケンサーは、現時点ではまだ、犯罪捜査にはまったく用いられていない。だが、わずかな血痕や組織片さえあれば人の全配列をたちどころに読んでくれるこの新手法は、近い将来にはきっとDNA鑑定の主役になっているであろう。いまのところ、事前に細菌などの余分な塩基配列を除かなくてはいけないので全自動というわけにはいかないが、いずれ人工知能（AI）が、必要な情報のみを選んでくれるようになるだろう。やがては個人識別のみならず、病気や性格、混血の度合い、住んでいる地域までもが、たちどころに明らかにされるだろう。さらには、そのDNAの情報をもとに、正確なモンタージュ写真もAIがつくってくれるはずだ。そのような世界がすぐそこに待ち受けていることは、もはや疑いようがない。

だがそれでも、機械を操作するのは人間である。人間は機械の前では、疑いを忘れた動物であってはならない。個人的には、本質を見失わないために、むしろ激しい時代の変化から離れたところに身を置き、工夫をめぐらしながら、手作りのDNA鑑定を楽しみたいと思う。

あとがき

なぜ、ＤＮＡ鑑定というちっぽけな分野にかくも深く首を突っ込んでしまったのか？　その理由は、つまるところ、生まれつきのような気がしてならない。

釣りをはじめて間もない小学生のころだった。水田の小さな川で糸を垂らしていて、ふと、川面のあそこに「浮き」が流れたら、マブナの引きがありそうとの予感がした。それがまさに的中した瞬間の、身体を貫いた強烈な快感がいまも忘れられない。それからは、心のどこかでいつも、あの感覚を追い求めている気がする。

もともと昆虫少年だったが、大人になっても虫ばかり追いかけていると「虫屋」とよばれることになる。観察が好きなこと、周囲から孤立しがちなこと、自然の不思議にとりつかれ空想ばかりしていることなどが「虫屋」の共通点といえるだろうか。山形県は日本における「虫屋」発祥の地ともいえて、戊辰戦争で活躍した松森胤保《たねやす》は、日本で最初の「蝶愛好会」を組織した。戦後には、黒澤良彦・白畑孝太郎という「虫屋の巨人」を生んでいる。私は白畑先生の最晩年の門下生であり、できは悪かったが多くのことを学ぶ僥倖を得た。

その後はずっと国立大学の医学部に籍をおいてきたが、学問での貢献は皆無であった。個人的には、すばらしい研究とは、もし自分がいなかったら、こんな取るに足らないことに目を向ける者は人類の歴史上、誰もいないであろうことを、自己満足のためだけに解明することであると思っていた。

だから、おそろしい勢いで爆走をはじめた生命科学の潮流にはついていけずに居場所をなくし、小さな隙間で息を殺して生きてきた。私のお気に入りのヒラタムシのように。この虫は、わが身の平べったさを活かして、樹皮の下などの一見むだな空間で、ひそやかに生きている。まるで巨大なお城の石垣の隙間を埋める小石のように。そうした隙間は、トカゲなどの絶好の住処となる。残念なことに、現代では都会の石垣は、隙間のほとんどがコンクリートなどで埋められてしまって面白くもなんともなくなっているが。

私にとってDNA鑑定とは、いわば生まれついての「虫屋気質」のままに、あの小学生の日に味わった当たりの感覚を追いかけることができる隙間なのだ。

しかし、「生まれつき」と言ったのには、もうひとつの意味もある。

父はシベリア抑留者の一人として、幸運にも命をつなぎ、帰国することができた。昭和23年4月付けで父が書いた手記には、「あとがき」として次のような一節がある。

孤独と苦痛と戦い乍ら、無事に祖国の土を踏み得た事は、私にとっては、大いなる喜びに酔ふ前に、あの収容所で、淋しく死んでいった戦友を、思い出したいと思う。皆んな死の直前まで、祖国の、故郷の同胞を偲んで、止まなかったのだ。それなのに、懐かしの故郷の山川、知友、相見る事を得ずして、無明の中に、死んで行かなければならなかった、宿命の児は、遠く異国の地に捨てられている。遙かなる雲の彼方に有る、こうした人たちに、改めて哀悼の念を禁じ得ない。

今、私たちが立っている祖国は、荒廃して、草は、徒に断礎を埋めている。神よ、照覧あれ、私は、私たちは、異国の土となった君たちを、思い出す事に依って、祖国の復興への原動力にしたいと思う。そして、共々に生き得た人たちと、手を取って、君たちを偲び乍ら、戦争の産んだ数々の悲劇に対する、大いなる反省を持ち乍ら、生きることを誓いたいと思う。

戦争の熱狂に巻き込まれた犠牲者たちが、命こそ失わなかったとしても、どのような思いを抱えてその後を生きていたのか。この一文は、戦後に生まれた私に語りかけてくる。こうした思いがあったからこそ父は「紛争解決の手段としての戦争を永久に放棄する」ことを宣言した世界で唯一の憲法の成立を喜んでいた。いま、私がシベリア抑留者などのご遺骨のＤＮＡ鑑定を行う立場にあることにも、因縁のようなものを感じずにはいられないのである。

本書では再三、自分はあまのじゃくでひねくれ者であると書いたが、どうやらそれも両親から受け継いだ性格のようだ。幼いころから古いものが好きで、不便でも、自然に近いものに心惹かれた。だからいまでも、スイッチを押せば自動でやってくれる最新のＤＮＡ分析機器にはあまり興味が湧かない。古い器具を、長所を生かして大切に使いながら、これからも私なりのＤＮＡ鑑定を続けていきたいと思う。

ＤＮＡ鑑定をいろいろな視点から眺めることで、新たなＤＮＡ鑑定像を浮び上がらせることも、本書の狙いの一つだった。そこからみなさんのＤＮＡ鑑定への理解が少しでも深まればと願っている。書き手の性格そのままに、独りよがりで、かつ数知れない誤りを含んだものになってしまったことについては、お許しを乞う次第である。

最後になりましたが、本書の執筆にあたり、永幡嘉之氏、小林篤氏に多大な貢献をいただきました。ここに深謝いたします。

２０１９年９月

梅津和夫

【さ行】

【た行】

さくいん

【あ行】

【か行】

N.D.C.467　254p　18cm

ブルーバックス　B-2108

DNA《ディーエヌエー》鑑定《かんてい》
犯罪捜査から新種発見、日本人の起源まで

2019年 9 月20日　第 1 刷発行

著者　梅《うめ》津《つ》和《かず》夫《お》
発行者　渡瀬昌彦
発行所　株式会社講談社
〒112-8001　東京都文京区音羽2-12-21
電話　出版　03-5395-3524
販売　03-5395-4415
業務　03-5395-3615
印刷所　（本文印刷）株式会社新藤慶昌堂
（カバー表紙印刷）信毎書籍印刷株式会社
製本所　株式会社国宝社

定価はカバーに表示してあります。

ISBN978－4－06－517285－8

発刊のことば

科学をあなたのポケットに

二十世紀最大の特色は、それが科学時代であるということです。科学は日に日に進歩を続け、止まるところを知りません。ひと昔前の夢物語もどんどん現実化しており、今やわれわれの生活のすべてが、科学によってゆり動かされているといっても過言ではないでしょう。

そのような背景を考えれば、学者や学生はもちろん、産業人も、セールスマンも、ジャーナリストも、家庭の主婦も、みんなが科学を知らなければ、時代の流れに逆らうことになるでしょう。

ブルーバックス発刊の意義と必然性はそこにあります。このシリーズは、読む人に科学的に物を考える習慣と、科学的に物を見る目を養っていただくことを最大の目標にしています。そのためには、単に原理や法則の解説に終始するのではなくて、政治や経済など、社会科学や人文科学にも関連させて、広い視野から問題を追究していきます。科学はむずかしいという先入観を改める表現と構成、それも類書にないブルーバックスの特色であると信じます。

一九六三年九月　野間省一